新型职业农民培训系列教材

——蔬菜系列

绿色蔬菜产销百问百答

韩世栋　周桂芳　主　编

中国农业大学出版社

·北京·

内容简介

《绿色蔬菜产销百问百答》以问答方式重点介绍认识绿色蔬菜、绿色蔬菜生产基础、绿色蔬菜的采后处理、绿色食品认证、主要绿色蔬菜生产操作规程和绿色食品营销等。

图书在版编目(CIP)数据

绿色蔬菜产销百问百答/韩世栋,周桂芳主编.—北京:中国农业大学出版社,2014.8

ISBN 978-7-5655-0994-0

Ⅰ.①绿…　Ⅱ.①韩…②周…　Ⅲ.①蔬菜园艺-无污染技术-职业培训-教材　②蔬菜-销售-职业培训-教材　Ⅳ.①S63　②F762.3

中国版本图书馆 CIP 数据核字(2014)第 134582 号

书　名　绿色蔬菜产销百问百答
作　者　韩世栋　周桂芳　主编

策划编辑　张　蕊　陈肖安　　责任编辑　张　蕊
封面设计　郑　川　　责任校对　王晓风　陈莹
出版发行　中国农业大学出版社
社　址　北京市海淀区圆明园西路 2 号　　邮政编码　100193
电　话　发行部 010-62818525,8625　　读者服务部 010-62732336
编辑部 010-62732617,2618　　出　版　部 010-62733440
网　址　http://www.cau.edu.cn/caup　　**e-mail** cbsszs@cau.edu.cn
经　销　新华书店
印　刷　北京俊林印刷有限公司
版　次　2014 年 9 月第 1 版　2014 年 9 月第 1 次印刷
规　格　850×1 168　32 开本　5 印张　121 千字
定　价　15.00 元

编写人员

主　编　韩世栋　周桂芳

副主编　魏家鹏　崔晓霞

参　编　任大文　卜祥勇　李伟霞

编写说明

农民是农业生产经营主体。开展农民教育培训，提高农民综合素质、生产技能和经营能力，是发展现代农业和建设社会主义新农村的重要举措。党中央、国务院高度重视农民教育培训工作，提出了“大力培育新型职业农民”的历史任务。为贯彻落实中央的战略部署，提高农民教育培训质量，同时也为各地培育新型职业农民提供基础保障——高质量教材，我们遵循农民教育培训的基本特点和规律，编写了《绿色蔬菜产销百问百答》这本培训教材。

《绿色蔬菜产销百问百答》是新型职业农民培训系列教材之一。该教材以生产经营为主线，以问答方式重点介绍认识绿色蔬菜、绿色蔬菜生产基础、绿色蔬菜的采后处理、绿色食品认证、主要绿色蔬菜生产操作规程和绿色食品营销，等等。重点就绿色蔬菜实际生产中遇到的问题提出了相应的应对措施和解决办法等内容，涵盖了绿色蔬菜生产的各个环节和关键技术，通俗易懂，具有很强的针对性和实用性，是新型职业农民培训的专用教材，也可作为蔬菜生产技术人员和管理人员培训的教材和参考用书。

本书由潍坊职业学院韩世栋教授与周桂芳副教授、山东省寿光新世纪种苗有限公司魏家鹏高级农艺师、宁夏西吉县农技推广服务中心崔晓霞高级农艺师、山东省潍坊绿星种苗有限公司任大文农艺师、山东莘县农广校校长卜祥勇农艺师与河南省渑池县农广校校长李伟霞共同编写，韩世栋、周桂芳担任主编，魏家鹏、崔晓霞担任副主编，任大文、卜祥勇与李伟霞参加编写。农业部科教司王青立处长、原农业部农民科技教育培训中心陈肖安与北京农业职业学院黄广学副教授等同志对教材内容进行了审定，在此一并表示感谢。

由于编者水平有限，加之时间仓促，教材中不妥和错误之处在所难免。衷心希望广大读者提出宝贵意见，以期进一步修订和完善。

编 者

2014 年 4 月 1 日

目　录

一、认识绿色蔬菜

1. 什么是绿色蔬菜?

"绿色蔬菜"是绿色食品的一种，称为"绿色食品蔬菜"，是指通过标准生产体系生产出的，并经权威机构认定的安全、优质、营养型蔬菜。

"安全"是指在生产过程中，通过严密的监测和控制，防止有毒、有害物质在各个环节的污染，确保蔬菜内有毒、有害物质的含量在安全标准以下，不构成对人体健康的危害。

"优质"是指蔬菜的商品质量要符合标准要求。

"营养"是指蔬菜的内在品质，即品质优良，营养价值和卫生安全指标高。

2. 绿色蔬菜在国内为什么有健康蔬菜、有机蔬菜等多种叫法?

绿色蔬菜在国内有着许多相似的名称和叫法，诸如"生态食品"、"自然食品"、"健康食品"、"有机农业食品"等。由于在国际上，对于保护环境和与之相关的事业已经习惯冠以"绿色"的字样，所以，为了突出这类食品产自良好的生态环境和严格的生产程序，在国内，统一被称作"绿色蔬菜"。

3. 绿色蔬菜要符合哪些标准？

绿色蔬菜标准是由农业部发布的推荐性农业行业标准（NY/T），是绿色蔬菜生产企业必须遵照执行的标准。绿色蔬菜标准以全程质量控制为核心，由以下6个部分构成：

（1）绿色蔬菜产地环境质量标准　制定这项标准的目的，一是强调绿色蔬菜必须产自良好的生态环境地域，以保证绿色蔬菜最终产品的无污染、安全性；二是促进对绿色蔬菜产地环境的保护和改善。

绿色蔬菜产地环境质量标准规定了产地的空气质量标准、农田灌溉水质标准和土壤环境质量标准的各项指标以及浓度限值、监测和评价方法。提出了绿色蔬菜产地土壤肥力分级和土壤质量综合评价方法。

（2）绿色蔬菜生产技术标准　绿色蔬菜生产技术标准是绿色蔬菜标准体系的核心，它包括绿色蔬菜生产资料使用准则和绿色蔬菜生产技术操作规程两个部分。

绿色蔬菜生产资料使用准则是对生产绿色蔬菜过程中物质投入的一个原则性规定，它包括生产绿色蔬菜的农药、肥料的使用准则，对允许、限制和禁止使用的生产资料及其使用方法、使用剂量等做出了明确规定。绿色蔬菜生产技术操作规程是以上述准则为依据，按作物种类和不同农业区域的生产特性分别制定的，用于指导绿色蔬菜生产活动，规范绿色蔬菜生产技术的技术规定，包括农产品种植技术等操作规程。

（3）绿色蔬菜产品标准　此项标准是衡量绿色蔬菜最终产品质量的指标尺度，其卫生品质要求高于国家现行标准，主要表现在对农药残留和重金属的检测项目种类多、指标严，而且使用的主要原料必须是来自绿色蔬菜产地的、按绿色蔬菜生产技术操作规程生产出来的产品。

(4)绿色蔬菜包装标签标准　此项标准规定了进行绿色蔬菜产品包装时应遵循的原则,包装材料选用的范围、种类,包装上的标识内容等。要求产品包装从原料、产品制造、使用、回收和废弃的整个过程都应有利于食品安全和环境保护,包括包装材料的安全、牢固性,节省资源、能源,减少或避免废弃物产生,易回收循环利用,可降解等具体要求和内容。绿色蔬菜产品标签,除要求符合国家《食品标签通用标准》外,还要求符合《中国绿色蔬菜商标标志设计使用规范手册》规定。该手册对绿色蔬菜的标准图形、标准字形、图形和字体的规范组合、标准色、广告用语以及在产品包装标签上的规范应用均作了具体规定。

(5)绿色蔬菜贮藏、运输标准　此项标准对绿色蔬菜贮运的条件、方法、时间做出规定,以保证绿色蔬菜在贮运过程中不遭受污染、不改变品质,并有利于环保、节能。

(6)绿色蔬菜其他相关标准　包括绿色蔬菜采后加工技术标准以及相关生产资料使用标准等。

4. 绿色蔬菜分几个级别?

根据中国绿色食品发展中心的规定,将绿色蔬菜分为“AA”级和“A”级两个级别。

5. 什么是AA级绿色蔬菜? 有哪些特点?

AA级绿色蔬菜要求产地的环境质量符合中国绿色蔬菜发展中心制订的《绿色蔬菜产地环境质量标准》,生产过程中不使用任何有害化学合成的农药和肥料等,并禁止使用基因工程技术,产品符合绿色蔬菜标准，经专门机构认定，许可使用AA级绿色蔬菜标志的产品。

AA级绿色蔬菜生产过程中不使用化学合成的农药、肥料及有害于环境和人体健康的生产资料，而是通过使用有机肥、种植绿肥、作物轮作、生物或物理方法等技术，培肥土壤、控制病虫草害、保护或提高产品品质，从而保证产品质量符合绿色蔬菜产品标准要求。

6. 什么是A级绿色蔬菜？有哪些特点？

A级绿色蔬菜要求产地的环境质量符合中国绿色蔬菜发展中心制订的《绿色蔬菜产地生态环境质量标准》，生产过程中严格按绿色蔬菜生产资料使用准则和生产操作规程要求，允许限量使用限定的化学合成的农药和肥料，产品符合绿色蔬菜标准，经专门机构认定，许可使用A级绿色蔬菜标志的产品。

A级绿色蔬菜的标准低于AA级绿色蔬菜，是从无公害蔬菜向有机蔬菜发展的过渡产品。

7. 绿色蔬菜有标志吗？是怎样规定的？

绿色蔬菜使用绿色食品标志。绿色食品标志由特定的图形来表示。绿色食品标志是由中国绿色食品发展中心在国家工商行政管理局商标局正式注册的质量证明商标，用于证明绿色食品无污染、安全、优质的品质特征。绿色食品商标已在国家工商行政管理局注册的有“绿色食品”、“GreenFood”、绿色食品标志图形及这三者相互组合等四种形式，见图1。

图1 绿色食品标志

绿色食品标志图形由三部分构成:上方的太阳、下方的叶片和中间的蓓蕾。标志图形为正圆形,意为保护、安全。整个图形描绘了一幅明媚阳光照耀下的和谐生机,告诉人们绿色食品是出自纯净、良好生态环境的安全、无污染食品,能给人们带来蓬勃的生命力。绿色食品标志还提醒人们要保护环境和防止污染,通过改善人与环境的关系,创造自然界新的和谐。AA级绿色食品标志与字体为绿色,底色为白色;A级绿色食品标志与字体为白色,底色为绿色。

绿色食品标志是一个质量证明商标,属知识产权范畴,受《中华人民共和国商标法》保护。这种政府授权专门机构管理绿色食品标志,是一种将技术手段和法律手段有机结合起来的生产组织和管理行为,而不是一种自发的民间自我保护行为。

8. 绿色蔬菜标识有使用时间限制吗?

绿色蔬菜标识有使用时间限制。根据中国绿色食品发展中心规定,绿色蔬菜标志使用期为3年,在此期间,绿色食品生产企业必须接受中国绿色蔬菜发展中心、农业部绿色食品办公室或中国绿色蔬菜发展中心委托的监测机构对其产品进行抽检及年检,并履行“绿色食品标志使用协议”。

期满后若欲继续使用绿色食品标志，必须于期满前3个月办理重新申请手续。

9. 怎样查询绿色蔬菜标志是否过期？

绿色蔬菜标志到期后没有重新申报，有的企业是为了节省成本，也有的是因为产品实际上已经通不过国家对绿色蔬菜的检验认证。消费者可登录“中国绿色蔬菜网”辨认所购产品的真伪。

10. 怎样区分A级绿色蔬菜和AA级绿色蔬菜？

A级绿色蔬菜和AA级绿色蔬菜的区分方法如下：

(1)生产标准不同　A级绿色蔬菜允许限量使用限定的化学合成农药和肥料，也就是说，A级绿色蔬菜中有一定量的农药和化肥残留，安全性不如AA级绿色蔬菜。

AA级绿色蔬菜生产过程中严格按绿色蔬菜生产资料使用准则和生产操作规程要求进行，不使用任何有害的化学合成农药和肥料等，并禁止使用基因工程技术。也就是说，AA级绿色蔬菜中没有农药和化肥残留，安全性较A级绿色蔬菜高。

(2)产品标识不同　AA级绿色蔬菜产品标志与字体为绿色，底色为白色；A级绿色蔬菜产品标志与字体为白色，底色为绿色。

11. 不施农药和化肥的蔬菜就是绿色蔬菜吗？

不施农药和化肥的蔬菜不一定是绿色蔬菜。

绿色蔬菜除了要求不使用(规定外的)农药和化肥外，对产地土壤、空气、灌溉水质以及施用肥料的种类等均提出了一定的要求，只有产地土壤、空气、灌溉水以及肥料的种类和灌溉、施肥方法均符合绿色蔬菜生产的要求下,生产出来的蔬菜才属于绿色蔬菜,而单纯以农药和化肥使用与否来判断产品是否为绿色蔬菜是不科学的。

12. 绿色蔬菜是绿色的吗?

绿色蔬菜在中国是指按特定生产方式生产,并经国家有关的专门机构认定,准许使用绿色蔬菜标志的无污染、无公害、安全、优质、营养型的食品。

绿色蔬菜中的“绿色”不代表蔬菜的颜色,而是代表“健康”、“天然”、“生态”等意思,代表的是蔬菜的种类。因此,绿色蔬菜不一定是绿色的,例如:紫甘蓝是紫色的、芦笋是白色的、生姜是黄色的等。

13. 山野菜是否就是绿色蔬菜?

山野菜并非都是绿色蔬菜。如果山野菜生长在污染地带,受污染就是很自然的事。如果食用了被污染的山野菜,会对身体造成危害,严重者还会引起食物中毒。如果附近没有污染源,周围没有农作物施用农药,土壤未受污染,这样的山野菜比较安全,可以放心食用。

14. 是不是有虫子的青菜就是绿色蔬菜?

“有虫子的青菜就是绿色蔬菜”是时下在市民中广泛流传的经验说法,事实是这样吗?

科学地讲,“有虫子的青菜不一定是绿色蔬菜”。青菜属于容易招虫(菜青虫、蚜虫等)的蔬菜,露地青菜不采取防护措施,虫害往往比较严重。市场上的青菜带有虫子可能原因主要有两个:一是真的没打过农药，此种情况的青菜相对较为安全；二是打过农药，只是因为农药打得不及时，或浓度不够，或打药后很快降雨将菜上的农药冲走，没来得及发挥药效，灭虫效果不好，而使青菜带有虫子。此种情况虽然也带有虫子，但不一定是安全的，只能说青菜带药少一些而已。

另外，青菜是否为绿色蔬菜除了看是否打药外，还要看施肥、灌溉以及尘埃污染等情况，仅从是否带有虫子单方面来判断是不科学的。

15. 绿色蔬菜是否就是无公害蔬菜？

无公害蔬菜属于无公害食品的一种，指产地环境、生产过程和产品安全符合无公害蔬菜标准和生产技术规程（规范）的要求，经专门机构认定，许可使用无公害食品标志的未经加工或者初加工的食用农产品。

无公害食品在生产过程中允许限量、限品种、限时间地使用人工合成的化学农药、兽药、渔药、饲料添加剂和化学肥料等。

无公害蔬菜的生产标准要求较绿色蔬菜标准均偏低，达不到绿色蔬菜的标准要求，因此不属于绿色蔬菜，反过来讲，绿色蔬菜一定是无公害蔬菜。

16. 怎样区分绿色蔬菜与无公害蔬菜？

（1）产地环境质量执行标准不同　无公害蔬菜产地环境执行农业行业标准《农产品安全质量无公害蔬菜产地环境要求》（GB/T 18407.1—2001）。而绿色蔬菜产地执行农业部绿色蔬菜产地环境技术条件（NY/T 绿色蔬菜 391—2000，适用于绿色蔬菜 AA 级和 A 级）的规定。

(2)生产技术标准不同　在肥料使用上，无公害蔬菜在无机化肥的使用上，允许使用如硫酸铵、尿素、过磷酸钙、硫酸钾等既不含氯又不含硝态氮的氮磷钾化肥，以及各地生产的蔬菜专用肥。而绿色蔬菜生产只能使用包括矿物钾肥和硫酸钾、矿物磷肥（磷矿粉）、煅烧磷酸盐（钙镁磷肥、脱氟磷肥）、石灰、石膏、硫黄等。

在农药使用上，无公害蔬菜较绿色蔬菜要求宽松，允许使用的农药种类和次数也多。

(3)产品质量标准不同　无公害食品蔬菜产品安全质量标准执行国家标准 GB 18406（GB 18406.1—2001 农产品安全质量无公害蔬菜安全要求），该标准对无公害蔬菜中重金属、硝酸盐、亚硝酸盐和农药残留给出了限量要求和试验方法。

绿色蔬菜应符合农业部 2012 年 12 月 7 日第 1869 号公告发布的《绿色食品 豆类》等 24 项绿色食品标准，也即修订后的《绿色食品产品适用标准目录》(2013 修订版)中的相关蔬菜标准规定。

(4)产品标志不同　绿色食品商标包括“绿色食品”、“GreenFood”、绿色食品标志图形及这三者相互组合等四种形式，见图 1。而无公害蔬菜标志只有一种形式，见图 2。

图 2　无公害食品标志

17. 为什么要发展绿色蔬菜？

第二次世界大战以后，欧美和日本等发达国家在工业现代化的基础上，先后实现了农业现代化。一方面大大地丰富了这些国家的食品供应；另一方面也产生了一些负面影响。主要是随着农用化学物质源源不断地、大量地向农田中输入，造成有害化学物质通过土壤和水体在生物体内富集，并且通过食物链进入到农作物和畜禽体内，导致食物污染，最终损害人体健康。

20 世纪 70 年代初，由美国扩展到欧洲和日本的只在限制化学物质过量投入以保护生态环境和提高食品安全性的“有机农业”思潮影响了许多国家。一些国家开始采取经济措施和法律手段，鼓励、支持本国无污染食品的开发和生产。自 1992 年联合国在里约热内卢召开的环境与发展大会后，许多国家从农业着手，积极探索农业可持续发展的模式，以减缓石油农业给环境和资源造成的严重压力。欧洲、美国、日本和澳大利亚等发达国家和一些发展中国家纷纷加快了生态农业的研究。在这种国际背景下，我国决定开发无污染、安全、优质的营养食品，并且将它们定名为“绿色蔬菜”。

18. 我国绿色食品发展现状怎样？

我国于 1990 年开始发展绿色食品，1992 年 11 月，农业部成立了中国绿色食品发展中心，组织和指导全国的绿色食品开发工作。现已开发的绿色食品涵盖了中国农产品分类标准的 7 大类，包括粮油、果品、蔬菜、畜禽蛋奶、水海产品、酒类、饮料等。2011 年，中国全年共认证绿色食品企业 2 683 家，产品 6 538 个，全国累计有效使用绿色食品标志的企业总数为 6 622 家，产品总数为 16 825个。创建绿色食品原料生产标准化基地 536 个，总面积 840 万公顷，带动农户 1 603.2 万个，对接龙头企业 1 369 家，每年直接增加农民收入 9 亿元。获得绿色食品认证的国家级农业产业化龙头企业达到 270 家，占国家级龙头企业总数的 30.2%，省级农业产业化龙头企业达到 1 194 家，占省级龙头企业总数的 13.1%。此外，全国已有 983 个农民专业合作社通过 1 932 个绿色食品认证，分别占绿色食品企业和产品总数的 14.8%、11.5%，成为绿色食品新兴的发展主体。

2011 年，绿色食品产品国内年销售额达到 3 134.5 亿元，比 2010 年增长 11%，出口额为 23 亿美元。绿色食品产地环境监测的农田、果园、茶园、草原、林地、水域面积达到 2.4 亿亩。

19. 什么是绿色蔬菜标准体系？包括哪些标准？

绿色蔬菜标准体系是指为确保绿色蔬菜生产能够有序进行，而制定的从产地环境选择、生产技术、质量标准到食品包装储运等的一系列标准。该标准体系包括绿色食品产地环境质量标准、绿色食品生产技术标准、绿色食品产品标准、绿色食品包装、标签、储运标准，每一标准下又详细制定多个具体执行标准，见图 4。

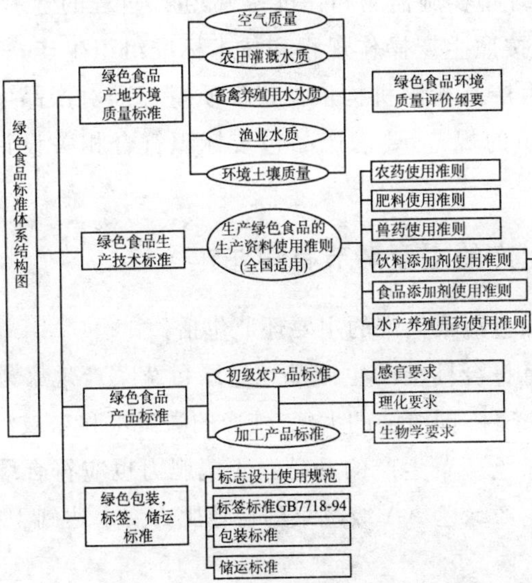

图 3　绿色蔬菜标准体系

二、绿色蔬菜生产基础

20. 什么是绿色蔬菜"两端监测安全保障制度"?

绿色蔬菜"两端监测安全保障制度"是按照"从土地到餐桌"全程质量控制的技术路线,对绿色蔬菜生产全过程实施"两端监测、过程控制、质量认证、标识管理"的质量安全保障制度。重点监控四个环节:一是产地环境的监控,由环境监测机构依据环境质量标准对产品及原料产地环境实施监测和评价;二是生产过程的管理,要求农户和企业严格按照生产操作规程和技术标准组织生产;三是产品质量的检测,由产品检测机构依据产品质量标准对产品实施检测;四是包装标识的规范,要求产品包装标识符合相关设计规范。

21. 绿色蔬菜生产的主要环节有哪些?

从栽培角度讲,绿色蔬菜生产的主要环节包括:

(1)选择环境质量符合标准的生产基地　绿色蔬菜产地必须具备良好的气、水、土条件,即清洁的大气、纯净的灌溉水和未被污染的土壤,这是进行绿色蔬菜生产的基础。土壤肥力也应符合绿色蔬菜生产的要求,生产绿色 AA 级蔬菜的耕地肥力要求达到Ⅰ、Ⅱ级水平。

(2)选择抗逆性强的蔬菜品种　可以提高蔬菜的外观,口感,减少病虫害发生和减少农药的施用与污染。

(3)实行科学的耕作制度　采用深耕晒地,轮作换茬,间作套作,用地养地相结合的方式,提高土壤肥力。

(4)合理施肥　重施有机肥,减少氮(N)素化肥的使用量,不使用硝酸铵、硝酸钙及含硝态氮的化肥。

(5)合理灌溉　浇水要符合绿色蔬菜生产要求的水,进行适时适量浇水,浇水不足或过多,都会造成产品品质的下降。

(6)合理的病虫害防治　要尽可能采用物理防治法(如:设置防虫网、物理诱杀或驱避等)、生物防治法(如:以虫治虫,以菌致虫)进行病虫害防治,进行化学防治时,不能使用蔬菜上严禁使用的药剂,允许使用的农药也应按要求施用,例如:种类,时间,用药量,技术等。

(7)积极发展设施栽培　设施栽培是在相对可控制条件下进行蔬菜生产的一种方式,可以实现生产的规模化、集体化和工厂化。因此,绿色蔬菜应成为设施农业的主导产品。

22. 绿色蔬菜生产对生产基地设置有哪些基本规定?

根据农业部绿色蔬菜产地环境技术条件(NY/T 绿色蔬菜 391—2000,适用于绿色蔬菜 AA 级和 A 级)规定,绿色蔬菜生产基地应选择在无污染和生态条件良好的地区。基地选点应远离工矿区和公路铁路干线,避开工业和城市污染源的影响,同时绿色蔬菜生产基地应具有可持续的生产能力。

23. 绿色蔬菜生产对产地空气质量有哪些要求?

绿色蔬菜产地空气中的各项污染物含量不应超过表 1 所列的指标要求。

表 1 绿色蔬菜产地空气中各项污染物的指标要求(标准状态)

项目	指标	
	日平均	1 小时平均
总悬浮颗粒物(TSP)(毫克/米^3)	≤0.30	—
二氧化硫(SO_2)(毫克/米)^3	≤0.15	≤0.50
氮氧化物(NO_x)(毫克/米^3)	≤0.10	≤0.15
氟化物(F)	≤7 微克/米^3 1.8 微克/(米^2/天)(挂片法)	≤20 微克/米^3

注:①日平均指任何一日的平均指标;②绿色蔬菜 1 小时平均指任何 1 小时的平均指标;③连续采样三天,一日三次,晨、午和夕各一次;④氟化物采样可用动力采样滤膜法或用石灰滤纸挂片法,分别按各自规定的指标执行,石灰滤纸挂片法挂置 7 天;⑤空气环境质量的采样和分析方法按照 GB 绿色蔬菜 3095 中 6.1、6.2、7 和 GB 绿色蔬菜 9137 中 5.1 和 5.2 的规定执行。

24. 绿色蔬菜生产对产地农田灌溉水质有哪些要求?

绿色蔬菜产地农田灌溉水中各项污染物含量不应超过表 2 所列的指标要求。

表 2 绿色蔬菜农田灌溉水中各项污染物的指标要求

项目	浓度限制	项目	浓度限制
pH	5.5~8.5	总铅(毫克/升)	≤0.1
总汞(毫克/升)	≤0.001	六价铬(毫克/升)	≤0.1
总镉(毫克/升)	≤0.005	氟化物(毫克/升)	≤2.0
总砷(毫克/升)	≤0.05	粪大肠杆菌群*(个/升)	≤10 000

注:①*灌溉菜园用的地表水需测粪大肠菌群,其他情况下不测大肠菌群;②农田灌溉水质的采样和分析方法按照 GB 绿色蔬菜 5084 中 6.2、6.3 的规定执行。

25. 绿色蔬菜生产对产地土壤环境质量有哪些要求?

绿色蔬菜产地土壤中的各项污染物含量不应超过表 3 所列的限值。

表 3　绿色蔬菜土壤中各项污染物的指标要求(毫克/千克)

耕作条件	旱田			水田		
pH	<6.5	6.5～7.5	>7.5	<6.5	6.5～7.5	>7.5
镉	≤0.30	≤0.30	≤0.40	≤0.30	≤0.30	≤0.40
汞	≤0.25	≤0.30	≤0.35	≤0.30	≤0.40	≤0.40
砷	≤25	≤20	≤20	≤20	≤20	≤15
铅	≤50	≤50	≤50	≤50	≤50	≤50
铬	≤120	≤120	≤120	≤120	≤120	≤120
铜	≤50	≤60	≤60	≤50	≤60	≤60

注:①水旱轮作田的标准值取严不取宽;②果园土壤中的铜限量为旱田中铜限量的一倍;③土壤环境质量的采样和分析方法按照 GB15618 中 5.1、5.2 的规定执行。

26. 绿色蔬菜生产对产地土壤肥力有哪些要求?

生产 AA 级绿色蔬菜时,转化后的耕地土壤肥力要达到土壤肥力分级Ⅰ～Ⅲ级指标(表 4)。生产 A 级绿色蔬菜时,土壤肥力作为参考指标。

表 4 绿色蔬菜土壤肥力分级参考指标

项目	级别	旱地	水田	菜地	园地
有机质（克/千克）	Ⅰ	＞15	＞25	＞30	＞20
	Ⅱ	10～15	20～25	20～30	15～20
	Ⅲ	＜10	＜20	＜20	＜15
全氮（克/千克）	Ⅰ	＞1.0	＞1.2	＞1.2	＞1.0
	Ⅱ	0.8～1.0	1.0～1.2	1.0～1.2	0.8～1.0
	Ⅲ	＜0.8	＜1.0	＜1.0	＜0.8
有效磷（克/千克）	Ⅰ	＞10	＞15	＞40	＞10
	Ⅱ	5～10	10～15	20～40	5～10
	Ⅲ	＜5	＜10	＜20	＜5
有效钾（毫克/千克）	Ⅰ	＞120	＞100	＞150	＞100
	Ⅱ	80～120	50～100	100～150	50～100
	Ⅲ	＜80	＜50	＜100	＜50
阳离子交换量（摩尔/千克）	Ⅰ	＞20	＞20	＞20	＞15
	Ⅱ	15～20	15～20	15～20	15～20
	Ⅲ	＜15	＜15	＜15	＜15
质地	Ⅰ	轻壤、中壤	中壤、重壤	轻壤	轻壤
	Ⅱ	沙壤、重壤	沙壤、轻黏土	沙壤、中壤	沙壤、中壤
	Ⅲ	沙土、黏土	沙土、黏土	沙土、黏土	沙土、黏土

注：①Ⅰ级为优良，Ⅱ级为尚可，Ⅲ级为较差；②土壤肥力测定方法：按 NY/T 绿色蔬菜 53、LY/T 绿色蔬菜 1225、LY/T 绿色蔬菜 1233、LY/T1236、LY/T 绿色蔬菜 1243 的规定执行。

27. 生产绿色蔬菜通常需要哪些保护设施？

保护设施是生产绿色蔬菜所不可缺少的，利用保护设施可以更好地控制生产环境，为蔬菜生长发育创造适宜的环境，如创造适宜的温度、湿度、光照环境，创造无虫害的环境等。

目前，绿色蔬菜主要生产设施有温室和塑料大棚。

28. 生产绿色蔬菜对温室有哪些要求？

生产绿色蔬菜一般要求温室结构牢固、增温和保温性能好、采光性好，通风口以及出入门等处覆盖有防虫网，温室一般顶高4米左右，边高1.5米左右，内部跨度8～10米（单栋温室），适宜的温室长度为60～70米，一般要求不短于40米，不超过80米。参考图见图4。

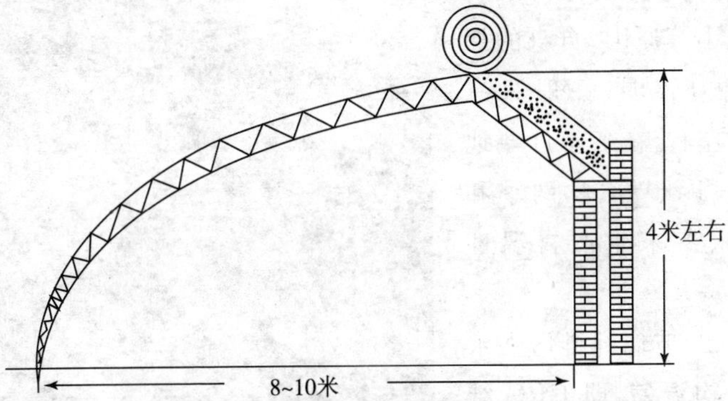

图4 温室结参考构图

29. 生产绿色蔬菜常用温室种类有哪些？

(1)加温温室　温室内设有烟道、暖气片等加温设备，温度条件好，抵抗严寒能力强，但栽培成本较高，主要用于冬季最低温度长时间－20℃以下的地区。

(2)日光温室　温室内的温度主要依靠采集日光进行提升。按采光能力和生产性能不同，分为节能型日光温室和普通型日光温室两种。

节能型日光温室:又称为冬暖型日光温室。温室前屋面的采光角度大,白天增温较快。温室的墙体较厚,所用覆盖材料的增、保温性能好,并且温室内空间较大,容热量大等,故自身的保温能力比较强,一般可达 15～20℃,在冬季最低温度－15℃以上或短时间－20℃左右的地区,可于冬季不加温下,生产出喜温的蔬菜。

普通型日光温室:也叫春秋型日光温室、冷棚等。温室的前屋面较平,采光角度比较小,采光能力差,增温性不佳。温室的墙体比较薄,没有后屋顶或后屋顶较窄,温室低矮,空间小,容热量小,加上所用覆盖材料的规格较小等原因,自身的保温能力较弱,一般只有 10℃左右,在冬季严寒地区,只能于春、秋两季和冬初、冬末生产喜温性蔬菜。

图 5 玻璃纤维增强水泥骨架温室

(3)玻璃纤维增强水泥结构温室 即 GRC 结构温室。该温室的拱架由钢筋、玻璃纤维、增强水泥、石子等材料预制而成,骨架可预订。见图 5。

(4)钢骨架结构温室 该类温室所用钢材一般分为普通钢材、镀锌钢材和铝合金轻型钢材三种,我国目前以前两种为主。单栋日光温室多用镀锌钢管和圆钢加工成双弦拱形平面梁,用塑料薄膜作透明覆盖物。双屋面温室和连栋温室一般选用型钢(如角钢、工字钢、槽钢、丁字钢等)、钢管和钢筋等加工成骨架,用硬质塑(主要为 PC 中空阳光板)作透明覆盖物(图 6)。

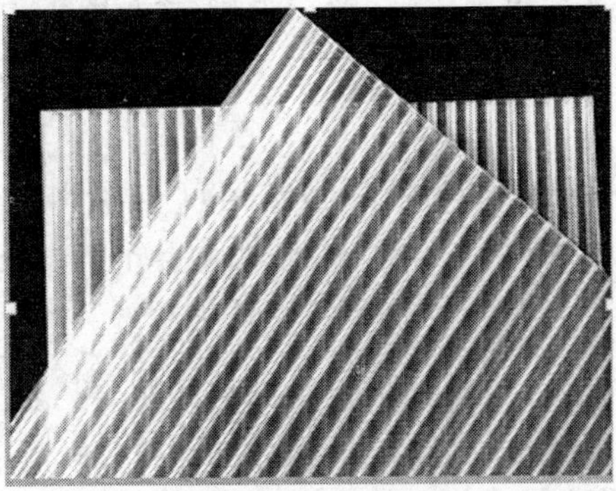

图 6 PC 中空阳光板

钢架结构温室结构比较牢固,使用寿命长,并且温室内无立柱或少立柱,环境优良,也便于在骨架上安装自动化管理设备,是现代温室的发展方向。

(5)混合骨架结构温室 主要为主、副拱架结构温室。主拱架一般选用钢管、钢筋平面梁或水泥预制拱架,副拱架用细竹竿或细钢管。在主拱架上纵向拉几道钢筋或焊接几道型钢,将副拱架固定到纵向钢筋或型钢上。

混合骨架结构温室综合了钢骨架温室和竹拱温室的优点,结构简单、结实耐用,制造成本低,生产环境优良,较受农民欢迎,发展较快,是当前我国农村温室发展的主要方向。

(6)长后屋面式温室 后屋面内宽 2 米左右,温室自身的保温性能较好,主要用于冬季比较寒冷的地区。

该类温室后屋面所承受的负荷比较大,对屋架材料的种类和规格要求比较严格,同时后屋面的遮光面也比较大,温室北部的光照不良。

(7)双层充气膜温室 前屋面覆盖双层棚膜,膜间距 30～50 毫米,膜间用鼓风机不停地鼓入空气,形成动态空气隔热层,见图 7。

该类温室的保温性能好,冬季不甚严寒地区可以代替“薄膜＋草苫”覆盖形式进行冬季栽培,节能效果好。但双层膜充气式温室由于需要不间断充气，不仅需要电力支持，使用范围受到电力限制，而且维持费也较高。

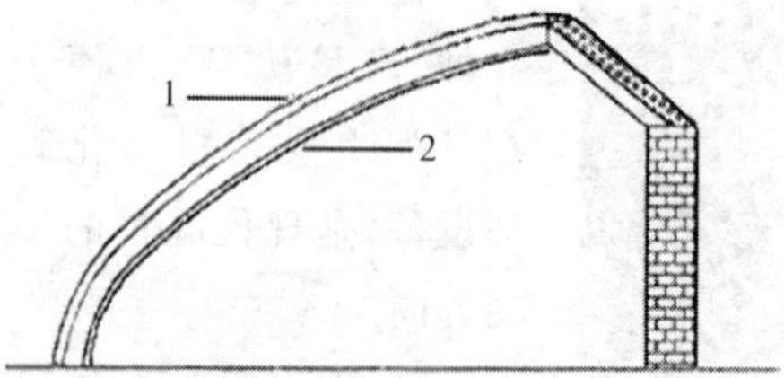

图7　双层膜充气式温室

1. 外膜　2. 内膜

（8）连栋温室　连栋温室的跨度范围比较大，根据地块大小，从十几米到上百米不等，占地面积大，土地利用率比较高；室内空间比较宽大，蓄热量大，低温期的保温性能好；适合进行机械化、自动化以及工厂化生产管理，符合现代农业发展的要求。

其主要缺点是保温差、能耗大，对建造材料、结构设计和施工等的要求比较严格，建造成本高；屋顶的排水和排雪性能比较差，高温期自然通风降温效果不佳，容易发生高温危害。见图8。

图8　连栋温室

30. 生产绿色蔬菜对塑料大棚有哪些要求?

生产绿色蔬菜要求塑料大棚塑结构牢固,能抗至少8级以上的大风和20厘米以上厚的积雪。大棚的适宜长度为30～80米(图9)。大棚过短,棚内的环境变化剧烈,保温性也差;大棚过长,管理不方便,管理跟不上时容易造成棚内局部环境差异过大,影响生产。

大棚的适宜宽度为6～16米。冬春季风雪比较大的地区,大棚不宜过宽,春秋季雨水偏多的地区大棚也不宜过宽,以减少风害及保持棚面良好的排雨、雪性能。

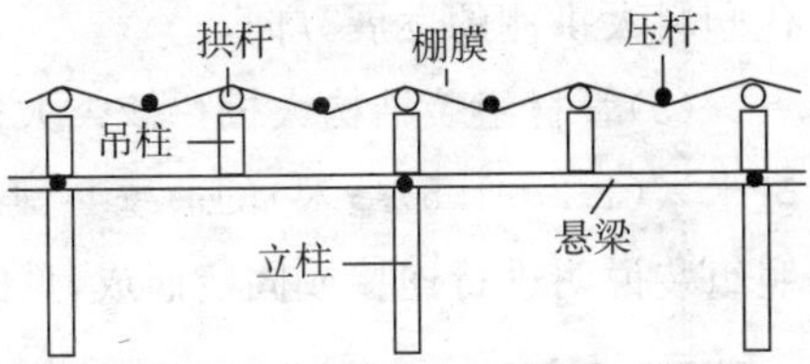

图9 悬梁吊柱结构

大棚的适宜中高为1.8～3米,适宜边高为1～1.5米,侧高应根据有利于棚面排雨、雪的原则来确定。

31. 生产绿色蔬菜常用塑料大棚种类有哪些?

(1)竹拱结构大棚 该类大棚用横截面(8～12)厘米×(8～12)厘米的水泥预制柱作立柱,用径粗5厘米以上的粗竹竿作拱架,建造成本比较低,是目前农村中应用最普遍的一类塑料大棚。

该类大棚的主要缺点:一是竹竿拱架的使用寿命短,需要定期更换拱架;二是棚内的立柱数量比较多,地面光照不良,也不利于棚内的整地作畦和机械化管理。为减少棚内立柱的数量,该类大棚多采取“二拱一柱式”结构,也叫“悬梁吊柱式”结构,见图10。

(2)钢拱结构大棚 该类大棚主要使用Φ8～16毫米的圆钢

以及1.27厘米或2.54厘米的钢管等加工成双弦拱圆形钢梁拱架。为节省钢材，一般钢梁的上弦用规格稍大的圆钢或钢管，下弦用规格小一些的圆钢或钢管。上、下弦之间距离20～30厘米，中间用Φ8～10毫米的圆钢连接。钢梁拱架间距一般1～1.5米，架间用Φ10～14毫米的圆钢相互连接。

钢拱结构大棚的结构比较牢固，使用寿命长，并且棚内无立柱或少立柱，环境优良，也便于在棚架上安装自动化管理设备，是现代塑料大拱棚的发展方向。

(3)管材组装结构大棚　该类大棚采用一定规格(Φ(25～32)毫米×(1.2～1.5)毫米)的薄壁热镀锌钢管，并用相应的配件，按照组装说明进行连接或固定而成，见图10。

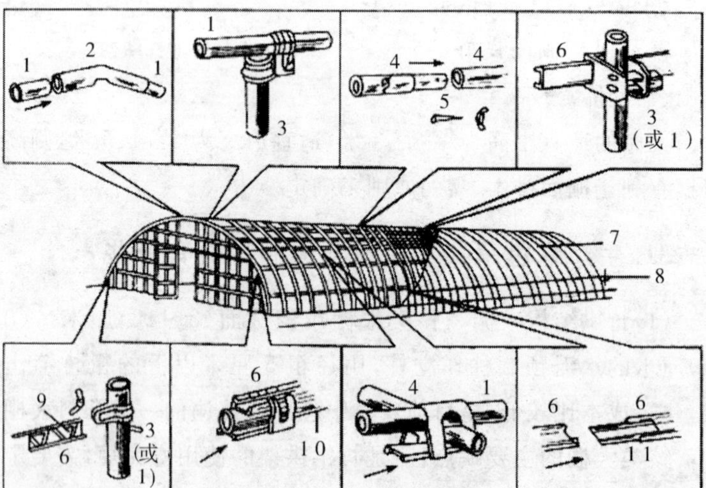

图10　管材装配式塑料大棚主要构件的装配示意图

1.拱杆　2.拱杆接头　3.立柱　4.纵向拉杆　5.拉杆接头

6.卡槽　7.压膜线　8.卷帘器　9.弹簧　10.棚头拱　11.卡槽接头

管材组装结构大棚的棚架由工厂生产，结构设计比较合理，规格多种，易于选择，也易于搬运和安装，是未来大棚的发展主流。

(4)玻璃纤维增强水泥骨架结构大棚　也叫 GRC 大棚。该大棚的拱杆由钢筋、玻璃纤维、增强水泥、石子等材料预制而成。一般先按同一模具预制成多个拱架构件，每一构件为完整拱架长度的一半，构件的上端留有 2 个固定孔。安装时，两根预制的构件下端埋入地里，上端对齐、对正后，用两块带孔厚铁板从两侧夹住接头，将 4 枚螺丝穿过固定孔固定紧后，构成一完整的拱架。拱架间纵向用粗铁丝、钢筋、角钢或钢管等连成一体。

(5)混合拱架结构大棚　大棚的拱架一般以钢架为主，钢架间距 2～3 米，在钢梁上纵向固定 Φ6～8 毫米的圆钢。钢架间采取悬梁吊柱结构或无立柱结构形式，安放 1～2 根粗竹竿为副拱架，通常建成无立柱或少立柱式结构，见图 11。

图 11　混合拱架结构塑料大棚

该类大棚的建造费用相对较低，抵抗自然灾害的能力增强，以及栽培环境改善比较明显等原因，较受广大菜农的欢迎。

(6)双拱大棚　大棚有内、外两层拱架，棚架多为钢架结构或管材结构。

图12　双拱大棚

双拱大棚低温期一般覆盖双层薄膜保温，或在内层拱架上覆盖无纺布、保温被等保温，可较单层大棚提高夜温2～4℃。高温期则在外层拱架上覆盖遮阳网遮阴降温，在内层拱架上覆盖薄膜遮雨，进行降温防雨栽培，见图12。

与单拱大棚相比较，双拱大棚容易控制棚内环境，生产效果比较好。其主要不足是建造成本比较高，低温期双层薄膜的透光量少，棚内光照也不足。

图13　连栋大棚

(7)连栋大棚　该类大棚有2个或2个以上拱圆形或屋脊形的棚顶，见图13。连栋大棚的跨度范围比较大，根据地块大小，从十几米到上百米不等，占地面积大，土地利用率比较高；棚内空间比较宽大，蓄热量大，低温期的保温性能好；适合进行机械化、自动化以及工厂化生产管理，符合现代农业发展的要求。但连栋大棚对棚体建造材料的要求比较高，对棚体设计和施工的要求也比较严格，建造成本高；棚顶的排水和排雪性能比较差，高温期自然通风降温效果不佳，容易发生高温危害。

32. 设施生产绿色蔬菜常用增加光照措施有哪些？

(1)合理的设施结构和布局　包括合理的骨架材料、屋面倾斜角度、设施方位与前后间隔距离等。一般来讲，骨架材料越细、少，遮光越少，越有利于采光；屋面倾斜角越大，越有利于采光；低温期上午雾多光照不足地区采用偏西5度方位较有利于采光。

(2)覆盖透光率高且透光性能稳定的专用薄膜　冬季温室生产应首选PVC多功能复合膜，塑料大棚应首选EVA多功能复合膜，其次选PE多功能复合膜。

(3)保持透明覆盖物良好的透光性　一是覆盖透光率比较高的新薄膜；二是保持覆盖物表面清洁；三是及时消除薄膜内面上的水珠；四是保持膜面平、紧。

(4)利用反射光增加光照　一是在地面上铺盖反光地膜；二是在设施的内墙面或风障南面等张挂反光薄膜，可使北部光照增加50%左右；三是将温室的内墙面及立柱表面涂成白色。

(5)减少保温覆盖物遮阴　在保证温度需求的前提下，上午尽量早卷草苫，下午晚放草苫。有条件的地方应尽量采用机械卷放草苫，缩短草苫的卷放时间，延长光照时间。白天设施内的保温幕和小拱棚等保温覆盖物要及时撤掉。

(6)合理的农业措施　对高架蔬菜实行宽窄行种植，并适当稀植；及时整枝抹杈，摘除老叶，并用透明绳架吊拉蔬菜茎蔓等。

(7)人工补光　连阴天以及冬季温室采光时间不足时，一般于上午卷苫前和下午放苫后各补光2～3小时，使每天的自然光照和人工补光时间相加保持在12小时左右。

33. 设施生产绿色蔬菜常用遮阴措施有哪些？

主要措施有采用遮阳网、荫障、苇帘、草苫等遮阴。另外，塑料大棚和温室还可以采取薄膜表面涂白灰水或泥浆等措施进行遮阴，一般薄膜表面涂白面积 30%～50%时，可减弱光照 20%～30%。

34. 什么是遮阳网？有什么作用？

遮阳网又称凉爽纱、寒冷纱，它是以聚乙烯为主要原料，通过拉丝编织而成的一种轻质、高强度、耐老化、网状的新型农用覆盖材料。遮阳网具有轻便、省工、省力的特点，成本低(每平方米价格在 0.45～1.00 元)，使用寿命长(寿命可长达 4～5 年)。

遮阳网的主要作用是遮光和降温、防止强光和高温危害。按遮阳网的规格不同，遮光率一般从 20%～75%不等。遮阳网的降温幅度因种类不同而异，一般可降低气温 3～5℃，其中黑色遮阳网的降温效果最好，可使地面温度下降 9～13℃。另外，遮阳网还具有一定的防风、防大雨冲刷、防轻霜和防鸟害等作用。

遮阳网覆盖作物具有一定的遮光降温、防暴雨冲刷、避免土壤板结、防旱保墒和忌避害虫等功能，在夏秋高温季节利用遮阳网进行蔬菜覆盖栽培或育苗，可改善蔬菜生长的环境效应，提高蔬菜的产量和品质，培养出健壮的优质苗，其效果十分可观。

35. 怎样覆盖遮阳网？

(1)遮阳网的覆盖形式　通常分为外覆盖和内覆盖两种。外覆盖是将遮阳网直接覆盖在设施外表面或覆盖在设施外的支架上，大型蔬菜生产设施多采用外覆盖形式，进行机械化开、关管理。

内覆盖是将遮阳网覆盖在设施内部，多采用悬挂方式悬挂在棚膜下方，作为临时性覆盖。

（2）为便于遮阳网的揭盖管理和固定，一般根据覆盖面积的长、宽选择不同幅宽的遮阳网，拼接成一幅大的遮阳网，进行大面积的整块覆盖。

（3）在切割遮阳网时，剪口要用电烙铁烫牢，避免以后开边；在拼接遮阳网时，不可采用棉线，应采用尼龙线缝合，以增加拼接牢固度。

（4）要选无风或微风天覆盖遮阳网，有风天遮阳网不容易拉紧和拉平。

（5）遮阳网与棚膜要隔离一段距离　遮阳网紧贴棚膜，其吸收的热量很容易通过棚膜传到棚内，不能很好地降低棚温。而且遮阳网紧贴棚膜，导致遮阳网本身的温度增加，会使遮阳网加速老化。应当在棚面搭支架覆盖遮阳网。

（6）遮阳网的松紧度要适宜，遮阳网拉得过紧容易绷断网线，拉的过松，有风天遮阳网上下起伏幅度大，容易损坏，同时遮阳网也容易紧贴棚膜，降低使用效果。

36. 设施生产绿色蔬菜低温期常用增温措施有哪些？

（1）增加透光量　由于温室具有温室效应，增加透光量，有利于提高温室的温度。因此，白天要尽可能地延长光照射的时间，晚盖早揭草苫。平日里，注意保持棚膜表面洁净，及时清除积雪等。

（2）人工加温　主要方法有火炉加温；用散热片散发热量加温；热风炉加温；在设施内直接点燃干木材、树枝等易于燃烧且生烟少的燃料，对设施进行加温；用火盆盛装烧透了的木炭、煤炭等，将火盆均匀排入设施内或来回移动火盆进行加温；用电炉、电暖器以及电热线等，利用电能对设施进行加温。

(3)地中热应用　白天，利用风机把设施内升温的热空气，送入地下管道，热空气通过地下管道时，将热量传递给温度较低的地下管道，使地下管道、土壤温度提高，起到空气热量贮存的作用。夜间风机将地下管道中的热空气送到设施内，使设施气温升高。

37. 设施生产绿色蔬菜常用保温措施有哪些?

(1)增强设施自身的保温能力　设施的保温结构要合理，场地安排、方位与布局等也要符合保温的要求。

(2)用保温性能优良的材料覆盖保温　如：覆盖保温性能好的塑料薄膜；覆盖草把密、干燥、疏松，并且厚度适中的草苫等。

(3)减少缝隙散热　设施密封要严实，薄膜破孔以及墙体的裂缝等要及时粘补和堵塞严实。通风口和门关闭要严，门的内、外两侧应张挂保温帘。

(4)多层覆盖　如：加盖草苫，草苫上加盖塑料薄膜，草苫下加盖一层无纺布，或大棚内加盖一层小拱棚等。

(5)保持较高的地温　低温期应于晴天上午浇水，在地膜下浇暗水，并且尽量浇预热的温水或温度较高的地下水、井水等；在设施的四周挖深50厘米左右、宽30厘米左右的沟，内填干草或泡沫塑料等，上用塑料薄膜封盖，减少设施内的土壤热量外散，可使设施内四周5厘米地温提高4℃左右。

(6)于设施的北部和西北部夹设风障，以多风地区夹设风障的保温效果较为明显。

38. 设施生产绿色蔬菜高温期常用降温措施有哪些?

(1)通过开启通风口及门等，散放出热空气，同时让外部的冷空气进入设施内,使温度下降。

(2)遮阴　可用遮阳网、草苫覆盖遮阴,也可以向棚膜表面喷涂泥水、白灰水等,以遮阳网的综合效果为最好。

39. 生产绿色蔬菜对蔬菜种苗有哪些要求?

(1)选用适应性强的蔬菜品种　根据不同环境条件,选择与之相适应的品种,如土质肥沃的地块应选择喜肥、耐肥的品种;低洼易涝地应选择耐涝性强的品种;高岗干旱地块应选择抗旱性强的品种等。

(2)选择高产优质的品种　绿色蔬菜对品质要求极高,其内含的蛋白质、脂肪、碳水化合物、维生素、微量元素等,不但要求含量高,有利于人体的吸收,而且口感和外观都要好。这些品质达标与否,主要是由品种决定的。

(3)选用抗病性强的蔬菜品种　选用抗(耐)病虫的蔬菜品种,可减少或避免某些病虫害的发生,减少农药的施用和污染,是最经济、最符合绿色蔬菜生产要求的有效措施。因此,要因地制宜选用当地重要且难防治的病虫害的抗(耐)病虫品种。

(4)种子质量应符合 GB 绿色蔬菜 8079—87 中的二级以上良种标准要求。

(5)种子消毒要用物理方法,严禁使用化学物质处理种子,可用各种植物或动物制剂、微生物活化剂、细菌接种等处理种子。

(6)育苗床土要求无虫、无病、无杂草种子。

(7)床土用腐熟有机肥和无病虫草的大田土配制。有机肥可配合微生物肥,也可施用磷酸二铵和硫酸钾。床土严禁用化学杀虫、杀菌剂消毒,可用高温发酵堆制消毒。

(8)育苗期控制生态环境,保持适宜温度、湿度和光照,培育壮苗。苗期允许使用由植物或动物生产的天然生长调节剂、矿物悬浮液等。

(9)要选用符合各类蔬菜壮苗标准的1～2级优质蔬菜苗进行生产。

(10)生产绿色蔬菜禁止选用转基因品种、种子和种苗。

40. 怎样用热水对蔬菜种子进行消毒处理?

热水温度要求55～60℃,烫种时间10～15秒。

具体操作如下:将种子晾晒1～2天,然后投入55～60℃的水中(最好在保温瓶中浸种),使水温保持55～60℃,保持时间10～15秒,期间搅拌或晃动3～5次,使种子均匀受热。随后加入冷水,使水温下降至室温,继续进行浸种到要求时间,见表5。

表5 主要蔬菜浸种水温和时间

蔬菜种类	浸种水温(℃)	浸种时间(小时)	蔬菜种类	浸种水温(℃)	浸种时间(小时)
黄瓜	25～30	4～6	番茄	25～28	6～8
西葫芦	25～30	4～6	茄子	28～30	8～12
冬瓜	28～30	12～18	辣椒	25～30	8～10

浸种结束后,捞出种子,控干水分,然后催芽或播种。

41. 绿色蔬菜生产对耕作制度有哪些要求?

在绿色蔬菜生产过程中,通过深耕晒地、熟化土壤、轮作换茬,间作套种、养地用地相结合等多种方式,协调营养生长与生殖生长的平衡,不断提高土壤肥力。

要求尽可能采用生态学原理,保持原有的自然环境,保持物种的多样性，减少化学物质的投入。

42. 生产AA级绿色蔬菜允许使用哪些肥料？

(1)农家肥料　就地取材、就地使用的各种有机肥料。它由含有大量生物物质、动植物残体、排泄物、生物废物等积制而成，包括堆肥、沤肥、厩肥、沼气肥、绿肥、作物秸秆肥、泥肥、饼肥等。

(2)商品肥料　按国家法规规定，受国家肥料部门管理，以商品形式出售的肥料。包括：

①商品有机肥：以大量动植物残体、排泄物及其他生物废物为原料，加工制成的商品肥料。

②腐殖酸类肥：以含有腐殖酸类物质的泥炭(草炭)、褐煤、风化煤等经过加工制成含有植物营养成分的肥料。包括微生物肥料、有机复合肥、无机复合肥、叶面肥等。

③微生物肥：以特定微生物菌种培养生产的含活的微生物制剂。根据微生物肥料对改善植物营养元素的不同，可分成五类：根瘤菌肥料、固氮菌肥料、磷细菌肥料、硅酸盐细菌肥料、复合微生物肥料。

④有机复合肥：经无害化处理后的畜禽粪便及其他生物废物加入适量的微量营养元素制成的肥料。

⑤无机(矿质)肥：矿物经物理或化学工业方式制成，养分呈无机盐形式的肥料。包括矿物钾肥和硫酸钾、矿物磷肥(磷矿粉)、煅烧磷酸盐(钙镁磷肥、脱氟磷肥)、石灰、石膏、硫黄等。

⑥叶面肥：喷施于植物叶片并能被其吸收利用的肥料，叶面肥料中不得含有化学合成的生长调节剂。包括含微量元素的叶面肥和含植物生长辅助物质的叶面肥料等。

⑦有机无机肥(半有机肥)：有机肥料与无机肥料通过机械混

合或化学反应而成的肥料。

43. 生产 AA 级绿色蔬菜禁止使用哪些肥料?

(1)禁止使用任何化学合成肥料。

(2)禁止使用城市垃圾和污泥、医院的粪便垃圾和含有害物质(如毒气、病原微生物、重金属等)的工业垃圾。

44. 生产 AA 级绿色蔬菜对肥料使用有哪些要求?

(1)各地可因地制宜采用秸秆还田、过腹还田、直接翻压还田、覆盖还田等形式。

(2)利用覆盖、翻压、堆沤等方式合理利用绿肥。绿肥应在盛花期翻压,翻埋深度为 15 厘米左右,盖土要严,翻后耙匀。压青后 15~20 天才能进行播种或移苗。

(3)腐熟的沼气液、残渣及人畜粪尿可用作追肥。严禁施用未腐熟的人、粪尿。

(4)饼肥优先用于水果、蔬菜等,禁止施用未腐熟的饼肥。

(5)叶面肥料质量应符合 GB/T 17419 或 GB/T 17420 的技术要求。按使用说明稀释,在作物生长期内,喷施 2~3 次。

(6)微生物肥料可用于拌种,也可作基肥和追肥使用。使用时应严格按照使用说明书的要求操作。微生物肥料中有效活菌的数量应符合 NY 227—1994 中 4.1 级 4.2 的规定。

(7)选用无机(矿质)肥料中的煅烧磷酸盐、硫酸钾质量应符合质量要求。

45. 生产 A 级绿色蔬菜允许使用哪些肥料?

(1)生产 AA 级绿色蔬菜允许使用的肥料。

(2)生产A级绿色蔬菜专用肥料。

(3)在有机肥、微生物肥、无机(矿质)肥、腐殖酸肥中按一定比例掺入化肥(硝态氮肥除外),并通过机械混合而成的掺合肥料。

46. 生产A级绿色蔬菜对肥料使用有哪些要求?

(1)化肥必须与有机肥配合施用,有机氮与无机氮之比不超过1∶1。对叶菜类最后一次追肥必须在收获前30天进行。

(2)化肥也可与有机肥、复合微生物肥配合施用。最后一次追肥必须在收获前30天进行。

(3)城市生活垃圾一定要经过无害化处理,质量达到GB 8172-1987中1.1的技术要求才能使用。每年667米^{2}农田限制用量,黏性土壤不超过1 000千克,沙性土壤不超过2 000千克。

(4)秸秆还田 各地可因地制宜采用秸秆还田、过腹还田、直接翻压还田、覆盖还田等形式,允许用小量氮素化肥调节碳氮比。

(5)其他使用原则与生产AA级绿色蔬菜要求相同。

47. 绿色蔬菜生产对农家肥有哪些标准要求?

(1)对高温堆肥的卫生标准要求 应符合表6所列卫生标准。

表6 绿色蔬菜生产对高温堆肥的卫生标准的要求

序号	项 目	卫生标准及要求
1	堆肥温度	最高堆温达50～55℃,持续5～7天
2	蛔虫卵死亡率	95%～100%
3	粪大肠菌值	10^{-2}～10^{-1}
4	苍蝇	有效地控制苍蝇滋生,肥堆周围没有活的蛆、蛹或新羽化的成蝇

(2)对沼气发酵肥的卫生标准要求　应符合表7所列卫生标准。

表7　绿色蔬菜生产对沼气发酵肥卫生标准要求

序号	项目	卫生标准及要求
1	密封贮存期	30天以上
2	高温沼气发酵温度	(53±2)℃,持续2天
3	寄生虫卵沉降率	95%以上
4	血吸虫卵和钩虫卵	在使用粪液中不得检出活的血吸虫卵和钩虫卵
5	粪大肠菌值	普通沼气发酵 10^{-4},高温沼气发酵 $10^{-2}\sim10^{-1}$
6	蚊子、苍蝇	有效地控制蚊蝇滋生,粪液中无孑孓,池的周围无活的蛆、蛹或新羽化的成蝇
7	沼气池残渣	经无害化处理后方可用作农肥

48. 绿色蔬菜生产对无机(矿质)肥料有哪些质量要求?

(1)对煅烧磷酸盐的质量指标要求　绿色蔬菜生产对煅烧磷酸盐的质量指标要求见表8。

表8　绿色蔬菜生产对煅烧磷酸盐的质量指标要求

营养成分	杂质控制指标
有效五氧化二磷(P_2O_5)≥12% (碱性柠檬酸铵提取)	每含1%五氧化二磷(P_2O_5) 砷(As)≤0.004% 镉(Cd)≤0.01% 铅(Pb)≤0.002%

（2）对硫酸钾的质量指标要求　绿色蔬菜生产对硫酸钾的质量指标要求见表9。

表9　绿色蔬菜生产对硫酸钾的质量指标要求

营养成分	杂质控制指标
氧化钾（K_2O）50％	每含1％氧化钾（K_2O）
	砷（As）≤0.004％
	氯（Cl）≤3％
	硫酸（H_2SO_4）≤0.5％

（3）对腐殖酸叶面肥料的质量指标要求　绿色蔬菜生产对腐殖酸叶面肥料的质量指标要求见表10。

表10　绿色蔬菜生产对腐殖酸叶面肥料的质量指标要求

营养成分	杂质控制指标
腐殖酸≥8.0％	砷（As）≤0.002％
腐殖酸≥8.0％	镉（Cd）≤0.01％
微量元素（铁、锰、铜、锌、钼、硼）≥6.0％	铅（Pb）≤0.002％

49. 生产绿色蔬菜怎样进行病虫害防治？

生产绿色蔬菜在病虫害防治上，要求采用农业防治措施和物理防治措施，不用或少用化学防治措施。

（1）农业防治措施　通过选用抗病抗虫品种，非化学药剂种子处理，培育壮苗，加强栽培管理，中耕除草，秋季深翻晒土，清洁田园，轮作倒茬、间作套种等一系列措施起到防治病虫草害的作用。

（2）物理防治措施　利用灯光、色彩诱杀害虫，机械捕捉害虫，机械和人工除草等措施，防治病虫草害。

（3）农药防治　特殊情况下，必须使用农药时，应按照绿色蔬菜农药使用要求严格控制施药量和安全隔期，不得使用蔬菜上严禁使用的药剂。

50. 生产 AA 级绿色蔬菜允许使用哪些农药？

应首选使用 AA 级绿色蔬菜生产资料农药类产品。在 AA 级绿色蔬菜生产资料农药类不能满足植保工作需要的情况下，允许使用以下农药。

(1)中等毒性以下植物源杀虫剂、杀菌剂、拒避剂和增效剂，如除虫菊素、鱼藤根、烟草水、大蒜素、苦楝、川楝、印楝、芝麻素等。

(2)允许使用矿物源农药中的硫制剂、铜制剂。

(3)经专门机构核准，允许有限度地使用活体微生物农药，如真菌制剂、细菌制剂、病毒制剂、放线菌、拮抗菌剂、昆虫病原线虫、原虫等。

(4)允许有限度地使用农用抗生素，如春雷霉素、多抗霉素(多氧霉素)、井岗霉素、农抗 120、中生菌素、浏阳霉素等。

(5)允许使用矿物油和植物油制剂。

(6)在害虫捕捉器中允许使用昆虫信息素及植物源引诱剂。

51. 生产 AA 级绿色蔬菜允许使用哪些寄生性捕食性天敌动物？

在 AA 级绿色蔬菜生产资料农药类不能满足植保工作需要的情况下，允许释放寄生性捕食性天敌动物、昆虫、捕食螨、蜘蛛及昆虫病原线虫等防治虫害。

52. 生产 AA 级绿色蔬菜禁止使用哪些农药？

(1)禁止使用有机合成的化学杀虫剂、杀螨剂、杀菌剂、杀线虫剂、除草剂和植物生长调节剂。

(2)禁止使用生物源、矿物源农药中混配有机合成农药的各种制剂。

(3)严禁使用基因工程品种(产品)及制剂。

53. 生产A级绿色蔬菜允许使用哪些农药?

(1)生物源农药　包括微生物源农药和农用抗生素。

①防治真菌病害:灭瘟素、春雷霉素、多抗霉素(多氧霉素)井岗霉素、农抗菌120、中生菌素等。

②防治螨类:主要有浏阳霉素、华光霉素。

(2)活体微生物农药　主要包括:

①真菌剂:蜡蚧轮枝菌等。

②细菌剂:苏云金杆菌、蜡质芽孢杆菌等。

③拮抗菌剂。

④昆虫病原线虫。

⑤微孢子。

⑥病毒:核多角体病毒。

(3)动物源农药　主要包括:

①昆虫信息素(或昆虫外激素):如性信息素。

②活体制剂:寄生性、捕食性的天敌动物。

(4)植物源农药　主要包括:

①杀虫剂:除虫菊素、鱼藤酮、烟碱、植物油等。

②杀菌剂:大蒜素。

③拒避剂:印楝素、苦楝、川楝素。

④增效剂:芝麻素。

(5)矿物源农药　主要为无机杀螨杀菌剂。

①硫制剂:硫悬浮剂、可湿性硫、石硫合剂等。

②铜制剂:硫酸铜、王铜、氢氧化铜、波尔多液等。

(6)矿物油乳剂　如柴油乳剂等。

(7)有机合成农药　由人工研制合成,并由有机化学工业生产的商品化的一类农药,包括中等毒和低素类杀虫杀螨剂、杀菌剂、除草剂。

(8)在上述农药类产品不能满足植保工作需要的情况下,允许使用以下农药及方法:

①中等毒性以下植物源农药、动物源农药和微生物源农药。

②在矿物源农药中允许使用硫制剂、铜制剂。

③可以有限度地使用部分有机合成农药,并按 GB 4258、GB 8321.1、GB 8321.2、GB 8321.3、GB 8321.4、GB/T 8321.5 的要求执行。此外,还需严格执行以下规定:

A. 应选用上述标准中列出的低毒农药和中等毒性农药。

B. 严禁使用剧毒、高毒、高残留或具有三致毒性(致癌、致畸、致突变)的农药。

C. 每种有机合成农药(含 A 级绿色蔬菜生产资料农药类的有机合成产品)在一种作物的生长期内只允许使用一次(其中菊酯类农药在作物生长期只允许使用一次)。

D. 应按照 GB 4258、GB 8321.1、GB 8321.2、GB 8321.3、GB 8321.4、GB/T 8321.5 的要求控制施药量与安全间隔期。

E. 有机合成农药在农产品中的最终残留应符合 GB 4285、GB 8321.1、GB 8321.2、GB 8321.3、GB 8321.4、GB/T 8321.5 的最高残留限量(MRL)要求。

④严禁使用高毒高残留农药防治贮藏期病虫害。

⑤严禁使用基因工程品种(产品)及制剂。

54. 生产 A 级绿色蔬菜禁止使用哪些农药？

A 级绿色蔬菜生产禁止使用的农药见表 11。

表 11 A 级绿色蔬菜生产禁止使用的农药

种类	农药名称	禁用作物	禁用原因
有机氯杀虫剂	滴滴滴、六六六、林丹、甲氧滴滴涕、硫丹	所有作物	高残毒
有机氯杀螨剂	三氯杀螨醇	蔬菜、果树、茶叶	工业品中含有一定数量的滴滴涕
有机磷杀虫剂	甲拌磷、乙拌磷、久效磷、对硫磷、甲基对硫磷、甲胺磷、甲基异柳磷、治螟磷、氧化乐果、磷胺、地虫硫磷、灭克磷（益收宝）、水胺硫磷、氯唑磷、硫线磷、杀扑磷、特丁硫磷、克线丹、苯线磷、甲基硫环磷	所有作物	剧毒、高毒
氨基甲酸酯杀虫剂	涕灭威、克百威、灭多威、丁硫克百威、丙硫克百威	所有作物	高毒、剧毒或代谢物
二甲基甲脒类杀虫杀螨剂	杀虫脒	所有作物	慢性毒性、致癌
拟除虫菊酯类杀虫剂	所有拟除虫菊酯类杀虫剂	水稻及其他水生作物	对水生生物毒性大

续表 11

种类	农药名称	禁用作物	禁用原因
卤代烷类熏蒸杀虫剂	二溴乙烷、环氧乙烷、二溴氯丙烷、溴甲烷	所有作物	致癌、致畸、高毒
阿维菌素		蔬菜、果树	高毒
克螨特		蔬菜、果树	慢性毒性
有机砷杀菌剂	甲基胂酸锌（稻脚青）、甲基胂酸钙胂（稻宁）、甲基胂酸铁铵（田安）、福美甲胂、福美胂	所有作物	高残留、慢性毒性
有机汞杀菌剂	三苯基醋酸锡（薯锡）、三苯基氯化锡、三苯基羟（毒菌锡）	所有作物	剧毒、高残毒
有机磷杀菌剂	稻瘟净、异稻瘟净	水稻	异臭
取代苯类杀菌剂	五氯硝基苯、稻瘟醇（五氯苯甲醇）	所有作物	致癌、高残留
2，4-D 类化合物	除草剂或植物生长调节剂	所有作物	杂质致癌
二苯醚类除草剂	除草醚、草枯醚	所有作物	
植物生长调节剂	有机合成的植物生长调节剂	所有作物	慢性毒性
除草剂	名类除草剂	蔬菜生长期（可用于土壤处理与芽前处理）	

55. 生产绿色蔬菜常用的物理防治害虫方法有哪些？

(1)人工捕杀　当害虫发生面积较小，可采用人工捕杀方法，摘除有虫卵的叶片、果实等，捕杀幼虫、成虫，适用于体形较大的害虫。

(2)阻隔防范　利用防虫网设置屏障阻断害虫侵袭。如苗期用 30 目防虫网覆盖(或在放风口加防虫网)，实行封闭式生产。

(3)黄板诱杀　利用蚜虫、白粉虱等趋黄习性，设置黄板，上涂一层黄油或 10 号机油黏住害虫，进行灭杀。

(4)灯光诱杀　许多夜间活动的昆虫都有趋光性，可采用灯光诱杀。使用较多的有蓝光灯、白炽灯、双色灯等。目前效果较好、推广使用量较大的为频振式杀虫灯。该灯安全、可靠，使用方便、诱杀害虫效果明显。

(5)驱避　银灰色反光膜有驱避蚜虫的作用。银灰色反光膜反光率大于 35%，反射光中带有红外线光，可驱避蚜虫。可采用铺盖银灰色地膜、在棚室放风口处或种植行道间悬挂银灰色膜条的办法，驱避迁飞蚜虫，对降低蚜虫虫口密度和减轻病毒病有一定的效果。

56. 什么是防虫网？在绿色蔬菜生产中有什么作用？

防虫网是采用添加防老化、抗紫外线等化学助剂的聚乙烯为主要原料，经拉丝制造而成的网状织物，具有拉力强度大、抗热、耐水、耐腐蚀、耐老化、无毒无味、废弃物易处理等优点。防虫网使用收藏轻便，正确保管寿命可达 3～5 年。

图 14 防虫网棚

防虫网以人工构建的屏障，将害虫拒之网外，达到防虫、防病保菜的目的。此外，防虫网反射、折射的光对害虫还有一定的驱避作用。覆盖防虫网后，基本上可免除菜青虫、小菜蛾、甘蓝夜蛾、黄曲跳甲、猿叶虫、蚜虫等多种害虫的为害（图 14）。

覆盖防虫网后，由于网眼小、强度高，暴雨经防虫网撞击后，降到网内已成蒙蒙细雨，冲击力减弱，有利于作物的生长。防虫网还具有较好的抗强风作用，覆盖 25 目防虫网，大棚内的风速可较露地降低 15%～20%。防虫网属于半透明覆盖物，还具有一定的增温、保温和遮光作用，如 25 目白色防虫网的遮光率为 15%～25%、银灰色防虫网为 37%、灰色防虫网可达 45%，可起到一定的遮光和防强光直射作用，因此防虫网可以在蔬菜的整个生产期间实施全程覆盖保护。

防虫网覆盖栽培是一项增产实用的环保型农业新技术，通过覆盖在棚架上构建人工隔离屏障，将害虫拒之网外，切断害虫（成虫）繁殖途径，有效控制各类害虫的传播以及预防病毒病传播的危害。确保大幅度减少菜田化学农药的施用，使产出农作物优质、卫生，为发展生产无污染的绿色农产品提供强有力的技术保证。

57. 防虫网防虫应掌握哪些技术要领？

（1）要根据所防害虫的种类选择防虫网。防棉铃虫、斜纹夜蛾、小菜蛾等体形较大的害虫，可选用 20～25 目的防虫网；防斑潜蝇、温室白粉虱、蚜虫等体形较小的害虫，可选用 30～50 目的防虫网。

(2)为降低成本，温室、塑料大棚防雨栽培一般采取局部覆盖，将防虫网覆盖于温室、塑料大棚的通风口、门等部位。

(3)防虫网覆盖前要进行土壤灭虫。可用 50％敌敌畏 800 倍液，畦面喷洒灭虫，清除虫源。

(4)防虫网要严实覆盖，四周用土压严实，防止害虫潜入危害与产卵。

(5)防虫网实行全栽培期覆盖，不给害虫侵入制造可乘机会。

(6)发现防虫网破损后应立即缝补好，防止害虫趁机而入。

(7)田间使用结束后，应及时收下，洗净，吹干，卷好，以延长使用寿命，减少折旧成本，增加经济效益。

58. 什么是色板诱杀?

色板诱杀技术是利用某些害虫成虫对黄/蓝色敏感，具有强烈趋性的特性，将专用胶剂制成的黄色、蓝色胶粘害虫诱捕器(简称黄板、蓝板)悬挂在田间，进行物理诱杀害虫的技术。该技术遵循绿色、环保、无公害防治理念，广泛应用于蔬菜、果树、花卉等作物生产中有关害虫的无公害防治。

59. 色板诱杀害虫应掌握哪些技术要点?

(1)色板选择　防治蚜虫、粉虱、叶蝉、斑潜蝇选用黄色诱虫板；防治种蝇、蓟马用蓝色诱虫板，见图 15。

(2)挂板时间　从苗期和定植期起使用，保持不间断使用可有效控制害虫发展。

(3)悬挂方法　用铁丝或绳子穿过诱虫板的两个悬挂孔，将其固定好，将诱虫板两端拉紧垂直悬挂在温室上部；露地环境下，应使用木棍或竹片固定在诱虫板两侧，然后插入地下，固定好。见图16。

图15　色板

(4)悬挂位置　对低矮生蔬菜，应将黏虫板悬挂于距离作物上部15～20厘米即可，并随作物生长高度不断调整黏虫板的高度，但其悬挂高度应距离作物上部15～20厘米为宜。对搭架蔬菜应顺行，使诱虫板垂直挂在两行中间植株中部。

(5)悬挂密度　防治蚜虫、粉虱、叶蝉、斑潜蝇：在温室或露地开始可以悬挂3～5片诱虫板，以监测虫口密度，当诱虫板上诱虫量增加时，每667米^{2}地悬挂规格为25厘米×30厘米的黄色诱虫板30片，或25厘米×20厘米黄色诱虫板40片即可，或视情况增加诱虫板数量。

防治种蝇和蓟马：在温室或露地开始可以悬挂3～5片诱虫板，以监测虫口密度，当诱虫板上诱虫量增加时，每667米^{2}地悬挂规格为25厘米×40厘米的蓝色诱虫板20片，或25厘米×20厘米蓝色诱虫板40片即可，或视情况增加诱虫板数量。

(6)后期处理　当诱虫板上粘的害虫数量较多时，用木棍或钢锯条及时将虫体刮掉，可重复使用。

60. 什么是杀虫灯诱杀技术?

图16　杀虫灯

该技术利用害虫的趋光、趋波、趋色、趋性等特性,将杀虫灯光波设定在特定范围内,近距离用光,远距离用波,加以害虫本身产生的性信息引诱成虫扑灯,再配以特制的高压电网触杀,使害虫落入专用虫袋内,达到杀灭害虫的目的。频振式杀虫灯诱杀的害虫主要有鳞翅目、鞘翅目等7个目20多科40多种害虫。一盏频振式诱杀灯的有效防控面积约30 000米²。农业生产中一般在4月中旬装灯,10月撤灯。见图16。

61. 杀虫灯诱杀害虫应掌握哪些技术要领?

(1)将杀虫灯吊挂在牢固的物体上,然后放在田中。挂灯高度以接虫口对地距离1.3～1.5米为宜。为防止刮风时灯架来回摆动,灯罩也要用铁丝拉于桩上,然后接线。

(2)灯在田中成棋盘状布局　根据实际情况,以单灯辐射半径100米为宜,单灯控制面积为33 000米²左右。

(3)接通电源后,按下开关,指示灯亮即进入工作状态。在害虫高发期前开始安装使用,每日开灯时间为20:00至次日凌晨6:00。每天上午收集诱杀的昆虫,并进行分类鉴定,记载种类和数量。

(4)不同的害虫对光色和光度要求不同　根据不同害虫种类,

调整光波长，针对性地防治某种害虫，才能达到满意的防效。

(5)加强对灯的管理和维修　在挂灯时应当注意垂直悬挂，上下固定，防止随风摇摆。一般以害虫发生季节4～10月为田间挂灯时期。要及时清理接虫袋和高压电网上的污垢，清理时一定要关闭开关。当高压网不击虫时，要及时关灯，否则杀虫灯将变成引虫灯，增加为害。雷雨天气不宜开灯，否则极易引起灯内电器短路，造成灯的故障。

62. 什么是物理防病技术？

物理防病技术主要是利用电、气体、高温等防治蔬菜病害技术，该类技术主要应用于设施蔬菜栽培中。

63. 什么是温室电除雾防病促生系统？

温室电除雾防病促生系统通过绝缘子挂在温室棚顶的电极线(正极)，植株和地面以及墙壁、棚梁等接地设施(负极)，形成电场空间。见图17。当电极线带有高电压时，在正负极之间的空间中产生空间电场，利用这个空间电场能够极其有效的消除温室的雾气、空气微生物等微颗粒；通过电极的尖端放电产生臭氧、氮氧化物、高能带电粒子，用于空气微生物的杀灭、异味气体的消解；在空间电场作用下，植物对CO_2的吸收加速并使光补偿点降低，显著提高植物的光合强度，提高果实甜度；使空气中的大量氮气转化为氮氧化物，氮氧化物与水汽结合形成空气氮肥，即植物叶面氮肥；由于空间电场作用，土壤—植株生活体系中有微弱电流，该电流与空间直流电晕电场、臭氧、高能带电粒子一同作用，防治了土传病害。

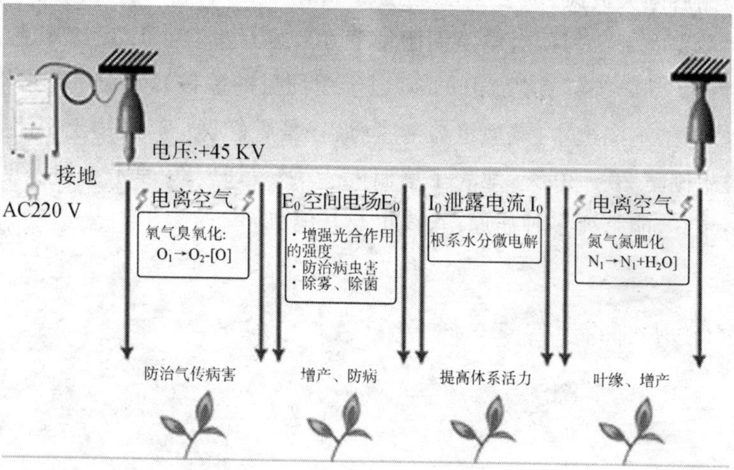

图 17　温室电除雾防病促生系统

目前,温室电除雾防病促生系统在温室整体空间的雾气消除与抑制、温室与大田植物气传病害的预防、部分温室植物土传病害的抑制、连阴天带来的弱光和低地温以及 CO_2 短缺引起的生理障碍预防、植物产品果实的增甜、增产的示范试验方面取得了很好的效果,是无毒优质蔬菜温室生产的关键技术装备。

64. 什么是高温闷棚防病技术?

高温闷棚防病技术是利用温室、大棚的温室效应,使温室大棚内温度升高到病菌的致死温度以上,并保持一定的时间,使病菌大部被灭杀。该技术主要用于栽培前的设施消毒和栽培期间对蔬菜霜霉病进行防治。

在霜霉病发生初期,于晴天中午密闭大棚,使棚内温度上升至45℃,维持恒温 2 小时,隔 7～10 天再处理 1 次,闷棚前须浇透水,闷棚后须大放风。

夏季7～8月，对空闲大棚每平方米施入碎稻草1.5～3千克、生石灰50～100克(如pH 6.5以上用同量的硫铵)，深翻30厘米以上，整平浇透水，畦面覆盖薄膜(最好是黑色膜)，周围用土密闭，封闭棚室20～30天，地表土壤温度≥70℃，15～20厘米土层温度≥50℃，能杀死多种病原菌、线虫及其他虫卵。

三、绿色蔬菜的采后处理

65. 绿色蔬菜采收后应做哪些处理?

蔬菜采后处理是在采收后通过再投入,将蔬菜产品转化为蔬菜商品的增值过程。蔬菜采收后经过一定的加工处理,一般可增值90%以上,因此蔬菜采后处理已经成为蔬菜产业化生产的一个重要环节。

国外农业发达国家十分重视蔬菜的采后处理,蔬菜加工率占总产量的70%～90%,我国蔬菜加工率只占总产量的25%左右,且以初加工为主,加工增值幅度较小,只有35%左右,发展潜力较大。

绿色蔬菜采收后的处理内容主要包括整理、清洗、晾晒、分级、预冷、捆扎和包装等。

66. 绿色蔬菜整理应掌握哪些技术要点?

整理就是根据蔬菜的“净菜”标准,除去蔬菜上的老叶、病叶、畸形果、烂果、病果、混杂物等,使蔬菜以“净菜”上市,提高蔬菜的外观性状。

不同蔬菜整理的内容有所不同,具体如下:

叶菜类主要是除去黄叶、病叶、烂叶以至非食用性叶片、多余的根部等。部分叶类蔬菜,如大葱、芹菜等还需要按照一定的长度要求,截去部分叶片,见图18。

果菜类主要是剔除病果、烂果、畸形果以及其他不符合商品果标准要求的果实，除去杂果和混杂物，除掉过长的果柄等。

图 18　整理后的大葱

根茎菜类主要是除去畸形根和畸形茎、带病或遭受虫害或规格不符合上市要求的根和茎。一些根茎菜，如牛蒡、山药等还要按标准长度进行截短、除去多余的侧根等。

其他蔬菜，如大蒜需要切除茎干、根部，或将蒜按一定头数编成蒜辫或扭成蒜把；大白菜需要将多余的外叶摘掉，削掉根，捆菜绳过松的还要将捆菜绳重新捆牢等。

67. 绿色蔬菜清洗应掌握哪些技术要点？

清洗是采用浸泡、冲洗、喷淋等方式水洗或用干毛刷刷净某类蔬菜产品，除去黏附在产品外表上的污泥和杂物，使之清洁卫生，符合商品蔬菜要求和卫生标准，提高商品性状。另外，清洗还能洗掉产品表面上的病菌、虫卵，减少贮运和销售过程中的发病。叶菜在清洗过程中，能够增加叶片中的含水量，延长产品的保鲜时间。少量蔬菜一般进行人工清洗，量大时可用清洗机。

不同蔬菜因产品类型与特性不同，清洗技术也不相同。

根茎菜类和水生蔬菜在产品收获时，往往带泥较多，影响美观，也不方便携带，作为商品菜上市前，应先进行洗涤，将外表清洗干净；部分绿叶菜类收获后，如茼蒿、油菜、蕹菜等容易失水萎蔫，丧失新鲜度，收获后往往需要结合清洗泥土、残留农药等，进行浸水，增加叶片中的含水量；果菜类一般喷洒农药、肥料比较多，收获后果面上残留的农药、污物等需要进行洗涤掉，使果面卫生、洁净。

清洗蔬菜应注意以下几点：

①清洗动作要轻，不要损伤蔬菜，特别是一些受伤后易腐烂的蔬菜，洗涤时如果蔬菜损伤严重，将严重缩短该蔬菜的适销期。

②洗涤蔬菜用水要干净，应符合绿色蔬菜洗涤用水标准要求。

③蔬菜洗涤的时间不要过长，防止蔬菜在水中的浸泡时间过长，引起营养外渗过多、染病甚至腐烂等。

④一些清洗后需要保持产品表面干燥的蔬菜，水洗后必须进行干燥处理，除去游离水分。干燥处理在气候干燥、水分蒸发快的地区可使用自然晾干的方法；在气候潮湿，水分蒸发慢的地区可使用脱水机。

68. 绿色蔬菜晾晒处理应掌握哪些技术要点？

采收下来的蔬菜，经初选及药剂处理后，置于阴凉或太阳下，在干燥、通风良好的地方进行短期放置，使其外层组织失掉部分水分，以增进产品贮藏性的处理称为晾晒。

晾晒对于提高哈密瓜、大白菜及葱蒜类蔬菜等产品的贮运效果非常重要。大白菜收后进行适当晾晒，失重5%～10%，即外叶垂而不折时再行入贮，可减少机械伤和腐烂，提高贮藏效果，延长贮藏时间。洋葱、大蒜收后在夏季的太阳下晾晒几日，会加快外部鳞片干燥使之成为膜质保护层，对抑制产品组织内外气体交换、抑制呼吸、减少失水、加速休眠都有积极的作用，有利于贮藏。对马铃薯、甘薯、生姜、哈密瓜、南瓜等进行适当晾晒，对贮藏也有好处。

蔬菜晾晒方法主要有自然晾晒法和机械通风晾晒法。自然晾晒法是在自然环境下晾晒，不用能源，不需特殊设备，经济简便，适用性强。但是，由于它完全依赖于自然气候的变化，晾晒需要的时间长，效果也不稳定。机械通风晾晒法是在室内用机械通风装置进行强制通风，加速空气流动，从而加快表皮内水分的蒸腾，缩短晾晒时间，提高晾晒效果。

蔬菜晾晒时应掌握以下要点：蔬菜晾晒应在通风阴凉处进行，不要放在阳光下暴晒；晾晒期间要对产品进行定期翻动，提高晾晒速度和效果；室外晾晒过程中要防止雨淋和水浸，如果遇到雨淋或水浸，应延长晾晒时间；晾晒要适度。晾晒不足蔬菜表皮失水太少，达不到晾晒要求而影响贮藏效果，但晾晒过度，产品失水过多，脱水严重，不但造成产量损失，而且也会对贮藏产生不利影响。如大白菜晾晒过度，不但失重增加，还会刺激乙烯的产生，促使叶柄基部形成离层，导致严重脱帮，降低耐贮性。

69. 绿色蔬菜分级应掌握哪些技术要点？

分级就是按照一定的规格或品质标准，将蔬菜划分成不同的等级。分级能够按级定价、收购、销售、包装，能够剔除病虫害和机械伤果，减少在贮运中的损失，减轻一些危险病虫害的传播，并将这些残次产品及时销售或加工处理，降低成本和减少浪费。

蔬菜通常根据坚实度、清洁度、大小、重量、颜色、形状、鲜嫩度以及病虫感染和机械伤等，分为三个等级，即特级、一级和二级。

(1)特级品　品质最好，具有本品种的典型形状和色泽，不存在影响组织和风味的内部缺点，大小一致，产品在包装内排列整齐，在数量或重量上允许有5%的误差。

(2)一级品　产品与特级产品有同样的品质，允许在色泽、形状上稍有缺点，外表稍有斑点，但不影响外观和品质，产品不需要整齐地排列在包装箱内，可允许10%的误差。

(3)二级品　产品可以呈现某些内部和外部缺陷,价格低廉,采后适合于就地销售或短距离运输。

蔬菜分级方法主要分为人工分级和机械分级两种。

人工分级:一是单凭人的视觉判断,按颜色、大小将产品分为若干级。用这种方法分级的产品,级别标准容易受人心理因素的影响,往往偏差较大;二是用选果板分级。选果板上有一系列直径大小不同的孔,根据果实横径和着色面积的不同进行分级,适用于果菜、马铃薯、芋头等。用这种方法分级的产品,同一级别果实的大小基本一致,偏差较小。

机械分级:根据蔬菜的重量、形状、颜色等由机械进行自动识别分类,工作效率高,适用于那些不易受伤的果蔬产品。有时为了使分级标准更加一致,机械分级常常与人工分级结合进行。

70. 绿色蔬菜预冷应掌握哪些技术要点?

预冷就是蔬菜收获回来之后,在贮藏运输之前,用不同的冷却方式,尽快把蔬菜从田间带回来的热气赶走,使蔬菜的温度迅速地降下来。预冷能够及时降低菜温,减少损失,延长寿命,减少腐烂,减轻蔬菜贮藏或运输开始时机械降温的负担与能量消耗。预冷是果蔬采后商品化处理中的关键环节,在发达国家,蔬菜采后预冷已成为蔬菜采后流通、贮藏前必不可少的措施之一。

为了最大限度地保持蔬菜的生鲜品质和延长货架寿命,预冷最好在产地进行,而且越快越好,预冷不及时或不彻底,都会增加产品的采后损失。

预冷方式主要有:

(1)自然预冷　将产品放在阴凉通风的地方使其自然冷却。采收后先置于阴凉处放置一夜,利用夜间低温,使之自然冷却,翌日气温升高前入贮。

(2)风冷 风冷一般在低温贮藏库内进行，适用于任何种类的蔬菜，预冷后可以不搬运，原库贮藏。

(3)水冷 水冷却是以冷水为介质的一种冷却方式，将蔬菜浸在冷水中或者用冷水冲淋，达到降温目的。冷却水有低温水(一般在0～3℃)和自来水两种。前者冷却效果好，后者生产费用低。水冷却有流水法和传送带法。

水冷却降温速度快，产品失水少，但要防止冷却水对蔬菜造成污染。适合于水冷却的蔬菜有胡萝卜、芹菜、甜玉米、网纹甜瓜、菜豆等。

(4)真空预冷 真空预冷是将蔬菜放在真空室内，迅速抽出空气至一定真空度，使产品体内的水在真空负压下蒸发而冷却降温。

生菜、菠菜、莴苣等叶菜最适合于用真空冷却，石刁柏、花椰菜、甘蓝、芹菜、葱、蘑菇和甜玉米也可以使用真空冷却。但一些比表面小的产品，如多种根茎类蔬菜、番茄等果菜由于散热慢而不宜采用真空冷却。

真空冷却对产品的包装有特殊要求，包装容器要求能够通风。

71. 绿色蔬菜捆扎应掌握哪些技术要点？

捆扎是对经过整理、分级后的蔬菜，按照一定的重量标准或体积标准进行打捆。捆扎后的蔬菜便于搬运、贮藏和携带，同时有利于蔬菜间的通风透气。

蔬菜捆扎材料主要有草绳、塑料绳、捆扎胶带等。

草绳、塑料绳是早期普遍使用的捆扎材料，捆扎较紧，草绳取材也方便，但较为费工，并且不适合机械捆扎，使用量逐渐减少。

捆扎胶带是近几年广泛使用的蔬菜捆扎材料，使用方便，适合机械化操作，是大型蔬菜市场、蔬菜超市所用的主要捆扎材料。

蔬菜捆扎分为人工捆扎和机械捆扎两种方法。人工打捆速度较慢，并且扎绳的松紧度难以统一，容易出现捆扎过紧或过松现象。机械打捆速度较快，并且捆扎松紧度较为统一，有的捆扎机与电子秤连成一体，在捆扎的同时也能将蔬菜的重量、捆扎日期等打印出来（图 19）。

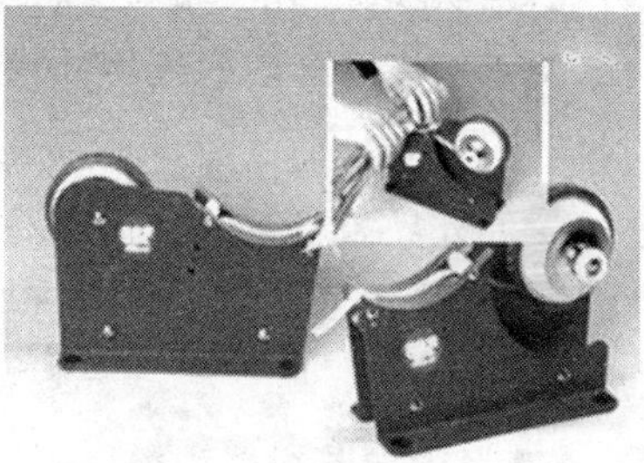

图 19 蔬菜捆扎机

蔬菜捆扎时应掌握以下要点：

①捆绳松紧要适宜，捆绑过紧，容易勒伤蔬菜，捆绑过松，蔬菜容易散捆。

②捆绳的道数要适宜。小白菜、茼蒿等低矮蔬菜一般在菜捆的中央捆一道绳即可；芹菜、大葱等高秧蔬菜至少捆两道绳，一道捆在植株上部，另一道捆在下部。

③蔬菜的根部要排齐。

④菜捆大小要符合市场要求或贮藏要求。

⑤捆扎胶带上含有黏附力很强的化学胶液，粘在蔬菜上会使其受到污染而又不易清洗掉，不要直接在蔬菜上捆扎。可以先用无毒的保鲜薄膜把蔬菜包裹一下，再用粘胶带捆扎，这样既能保证蔬菜完好，又避免了污染。

72. 绿色蔬菜常用的包装容器和材料有哪些？

包装是指在蔬菜流通过程中，为保护产品，方便储运，促进销售,用一定规格或形状的容器、材料和辅助物等对蔬菜进行封装、包扎等。包装能够使蔬菜产品标准化、商品化,保证安全运输和贮藏、便于销售。合理的包装可减少或避免蔬菜在运输、装卸中的机械伤,防止产品受到尘土和微生物等的污染,防止腐烂和水分损失,缓冲外界温度剧烈变化引起的产品损失。包装还可以使蔬菜在流通中保持良好的稳定性,美化商品,宣传商品,提高商品价值及卫生质量。

蔬菜的包装容器种类繁多,特别是近年来随着科学技术的发展,包装的材料及其形式越来越多样化。包装容器的种类、材料及适用范围见表12。

表12 蔬菜包装容器的种类、材料及适用范围

种类	材料	适用范围	备注
塑料箱	高密度聚乙烯、聚苯乙烯	高档蔬菜	可多次使用
纸箱	板纸	绿叶菜外的其他蔬菜	容易吸湿受潮
钙塑箱	聚乙烯、碳酸钙	高档蔬菜	防潮、可多次使用
板条箱	木板条	多种蔬菜	可多次使用
筐	竹子、荆条	多种蔬菜	可多次使用
加固竹筐	筐体竹皮、筐盖木板	多种蔬菜	可多次使用
网、袋	天然纤维或合成纤维	不易擦伤、含水量少的果蔬、大蒜、洋葱等	耐挤压能力差、容易变形

蔬菜的包装材料主要有:

(1)包装纸　用于包装蔬菜的纸张一般应具有较高的物理强度及一定的抗水性。蔬菜包装纸的品种规格最多,并分为内包装用及外包装用两大类。直接接触食品的称为内包装纸,要求质地光滑柔软、卫生、无异味、有韧性，若在包装纸中加入适当的化学药剂，还有预防某些病害的作用。外包装纸主要为了美化和保护蔬菜，除要求一定物理强度外，还需洁净美观，适于印刷多色的商品图案和文字。

包装纸能够抑制蔬菜采后失水，减少失重和萎蔫；减少蔬菜在装卸过程中的机械伤；阻止蔬菜体内外气体交换，抑制采后生理活动；隔离病原菌侵染，减少腐烂；避免蔬菜在容器内相互摩擦和碰撞，减少机械伤；具有一定的隔热作用，有利于保持蔬菜稳定的温度(图 20)。

图 20　蔬菜托盘

蔬菜纸(也称纸菜)是一种具有可食与保鲜包装双重功能的新型蔬菜深加工产品，这种产品可用作盒装食品的个体包装或直接当作方便食品食用，既能减少环境污染，又能增强食品美感，因而很受消费者欢迎。目前，各国正在积极开展对蔬菜纸及其制品的研究。

近年来塑料薄膜在蔬菜包装上的应用越来越广泛，如蘑菇、番茄、黄瓜、辣椒等分级后先装入小塑料袋或塑料盒中，然后再装入箱中进行运输和销售，效果也很好。

(2)衬垫物　使用筐类容器包装蔬菜时，应在容器内铺设柔软清洁的衬垫物，以防蔬菜直接与容器接触而造成损伤。另外，衬垫物还有防寒、保湿的作用。常用的衬垫物有蒲包、塑料薄膜、碎纸、牛皮纸、山草、刨花等。

(3)抗压托盘　抗压托盘有纸制的，也有塑料制的，上具有一定数量的凹坑。凹坑的大小和形状根据包装的具体果实来设计，每个凹坑放置一个果实，果实的层与层之间由抗压托盘隔开，可有效地减少果实的损伤，同时也起到了美化商品的作用。

73. 绿色蔬菜包装应掌握哪些要点？

(1)根据不同的绿色蔬菜选择适当的包装材料、容器、形式和方法，以满足食品包装的基本要求。

(2)包装的体积和质量应限制在最低水平，包装实行减量化。

(3)在技术条件许可与商品有关规定一致的情况下，应选择可重复使用的包装；若不能重复使用，包装材料应可回收利用；若不能回收利用，则包装废弃物应可降解。

(4)纸类包装要求　可重复使用回收利用或可降解；表面不允许涂蜡、上油；不允许涂塑料等防潮材料；纸箱连接应采取黏合方式，不允许用扁丝钉钉合；纸箱上所作标记必须用水溶性油墨，不允许用油溶性油墨。

(5)金属类包装应可重复使用或回收利用，不应使用对人体和环境造成危害的密封材料和内涂料。

(6)绿色蔬菜玻璃制品应可重复使用或回收利用。

(7)塑料制品要求　使用的包装材料应可重复使用、回收利用或可降解；在保护内装物完好无损的前提下，尽量采用单一材质的材料；使用的聚氯乙烯制品，其单体含量应符合GB绿色蔬菜9681要求；使用的聚苯乙烯树脂或成型品应符合相应国家标准要求；不允许使用含氟氯烃(CFS)的发泡聚苯乙烯(EPS)、聚氨酯(PUR)等产品。

(8)外包装上印刷标志的油墨或贴标签的黏着剂应无毒，且不应直接接触食品。

(9)可重复使用或回收利用的包装,其废弃物的处理和利用按GB/T 绿色蔬菜 16716 的规定执行。

(10)绿色蔬菜运输包装件尺寸应符合《GB/T 绿色蔬菜 4892》、《GB/T 绿色蔬菜 13201》、《GB/T 绿色蔬菜 13757》的规定。

(11)每件包装净含量不应超过 10 千克。

(12)绿色蔬菜包装用托盘应符合《GB/T 绿色蔬菜 16470》的规定。

(13)按产品的品种、规格分别包装,同一件包装内的产品应摆放整齐紧密。

(14)每批产品所用的包装、单位质量应一致。

(15)绿色蔬菜外包装上应印有绿色蔬菜标志,并应有明示使用说明及重复使用、回收利用说明。标志的设计和标识方法按有关规定执行;绿色蔬菜标签除应符合 GB 绿色蔬菜 7718 的规定外,若是特殊营养食品,还应符合《GB/T 绿色蔬菜 13432》的规定。

74. 绿色蔬菜对贮存有哪些要求?

(1)运输前应进行预冷,运输过程中注意防冻、防雨淋、防晒、通风散热。

(2)贮存时应按品种、规格分别贮存;贮存蔬菜的适宜温度8～10℃;贮存蔬菜的空气相对湿度保持在 85%～90%;库内堆码应保证气流均匀流通。

(3)绿色蔬菜包装贮存环境必须洁净卫生,应根据产品特点、贮存原则及要求,选用合适的贮存技术和方法;贮存方法不能使绿色蔬菜发生变化，引入污染。可降解食品包装与非降解食品包装应分开贮存与运输。绿色蔬菜不应与农药、化肥及其他化学制品等一起运输。

(4)对食品产生污染或潜在污染的建筑材料与物品不应使用。

(5)贮藏设施应具有防虫、防鼠、防鸟的功能。贮藏设施周围环境应清洁和卫生，并远离污染源。设施及其四周要定期打扫和消毒。贮藏设备及使用工具在使用前均应进行清理和消毒，防止污染。优先使用物理或机械的方法进行消毒，消毒剂的使用应符合 NY/T 393 和 NY/T 472 的规定。

(6)经检验合格的绿色蔬菜才能出入库。

(7)按绿色蔬菜的种类要求选择相应的贮藏设施存放，存放产品应整齐。堆放方式应保证绿色蔬菜的质量不受影响。不应与非绿色蔬菜混放。不应和有毒、有害、有异味、易污染物品同库存放。保证产品批次清楚，不应超期积压，并及时剔除不符合质量和卫生标准的产品。

(8)贮藏条件应符合相应食品的温度、湿度和通风等贮藏要求。

(9)保质处理　应优先采用紫外光消毒等物理与机械的方法和措施；在物理与机械的方法和措施不能满足需要时，允许使用药剂，但使用药剂的种类、剂量和使用方法应符合《NY/T 393》和《NY/T 472》的规定。

(10)应设专人管理，定期检查质量和卫生情况，定期清理、消毒和通风换气，保持洁净卫生。工作人员应保持良好的个人卫生，且应定期进行健康检查。应建立卫生管理制度，管理人员应遵守卫生操作规定。

(11)建立贮藏设施管理记录程序　应保留所有搬运设备、贮藏设施和容器的使用登记表或核查表。应保留贮藏记录，认真记载进出库产品的地区、日期、种类、等级、批次、数量、质量、包装情况、运输方式，并保留相应的单据。

75. 绿色蔬菜对运输有哪些要求？

（1）应根据绿色蔬菜的类型、特性、运输季节、距离以及产品保质贮藏的要求选择不同的运输工具。

（2）运输应专车专用，不应使用装载过化肥、农药、粪土及其他可能污染食品的物品而未经清污处理的运输工具运载绿色蔬菜。

（3）运输工具在装入绿色蔬菜之前应清理干净，必要时进行灭菌消毒，防止害虫感染。

（4）运输工具的铺垫物、遮盖物等应清洁、无毒、无害。

（5）运输过程中采取控温措施，定期检查车（船、箱）内温度以满足保持绿色蔬菜品质所需的适宜温度。保鲜用冰应符合 SC/T 绿色蔬菜 9001 的规定。

（6）不同种类的绿色蔬菜运输时应严格分开，性质相反和互相串味的食品不应混装在一个车（箱）中。不应与化肥、农药等化学物品及其他任何有害、有毒、有气味的物品一起运输。装运前应进行食品质量检查，在食品、标签与单据三者相符合的情况下才能装运。

（7）运输包装应符合 NY/T 绿色蔬菜 658 的规定。

（8）运输过程中应轻装、轻卸，防止挤压和剧烈震动。

（9）运输过程应有完整的档案记录，并保留相应的单据。

四、绿色食品认证

76. 哪些蔬菜可以申请使用绿色食品标志?

由于绿色食品已经国家工商局批准注册,按商标法有关规定,具备条件可申请使用绿色食品标志的蔬菜包括:

(1)腌制、干制蔬菜,暂不受理叶菜类酱菜(盐渍品)。

(2)未加工的新鲜蔬菜,蔬菜种子。

77. 具备哪些条件的企业可以申报绿色食品标志?

《绿色食品标志管理办法》第五条中规定:“凡具有绿色食品生产条件的单位和个人均可作为绿色食品标志使用权的申请人。”随着绿色食品事业的发展,申请人的范围有所扩展,为了进一步规范管理,对标志申请人条件做如下规定:

(1)申请人必须要能控制产品生产过程,落实绿色食品生产操作规程,确保产品质量符合绿色食品标准。

(2)申报企业要具有一定规模,能承担绿色食品标志使用费。

(3)乡、镇以下从事生产管理、服务的企业作为申请人,必须要有生产基地,并直接组织生产;乡、镇以上的经营、服务企业必须要有隶属于本企业、稳定的生产基地。

(4)申报加工产品企业的生产经营须一年以上。

(5)批发市场、粮库,纯属商业经营的企业(如百货大楼、超市等)不能作为申请人。

78. 绿色食品认证程序有哪些?

(1)申请 农民或企业提交认证申请。可先向所在县绿色食品办公室提交申请,也可直接向省绿色食品办公室提交申请。

(2)受理、检测 受理后,省绿色食品办公室组织现场检查、产品抽样,再开展环境监测、产品检测。

(3)材料审核、发证 将相关材料报中国绿色食品发展中心审核,合格后由中国绿色食品发展中心颁证。

认证评审一般每月一次。

79. 绿色食品如何申请认证?

(1)申请产品认证的单位或个人(以下简称申请人)要向中国绿色食品发展中心及其所在省(自治区、直辖市)绿色食品办公室、绿色食品发展中心领取《绿色食品标志使用申请书》、《企业及生产情况调查表》及有关资料,或从绿色食品发展中心网站(网址:www.greenfood.org.cn)下载。

(2)申请人须填写并向所在省绿色食品办公室递交《绿色食品标志使用申请书》、《企业及生产情况调查表》及以下材料:保证执行绿色食品标准和规范的声明;生产操作规程(种植规程、养殖规程、加工规程);公司对"基地+农户"的质量控制体系(包括合同、基地图、基地和农户清单、管理制度);产品执行标准;产品注册商标文本(复印件);企业的营业执照(复印件);企业质量管理手册;要求提供的其他材料(通过体系认证的,要附证书复印件)。

(3)申请认证材料不齐全的,要求申请人收到《文审意见通知单》后10个工作日提交补充材料。申请认证材料不合格的,通知申请人本生长周期不再受理其申请。申请认证材料合格的,进行现场检查、产品抽样。

80. 绿色食品如何进行现场检查和产品抽样?

(1)省绿色食品办公室应在《文审意见通知单》中明确现场检查计划,并在计划得到申请人确认后,委派 2 名或 2 名以上检查员进行现场检查。

(2)检查员根据《绿色食品检查员工作手册(试行)》和《绿色食品产地环境质量现状调查技术(试行)》中的有关项目进行逐项检查。每位检查员单独填写现场检查表和检查意见。现场检查和环境质量现状调查工作在 5 个工作日内完成,完成后 5 个工作日内,向省绿色食品办公室递交现场检查评估报告和环境质量现状调查报告及有关调查资料。

(3)现场检查合格,可以安排产品抽样。凡申请人提供了近一年内绿色食品定点产品监测机构出具的产品质量检测报告,并经检查员确认,符合绿色食品产品检测项目和质量要求的,免产品抽样检测。

(4)现场检查合格,需要抽样检测的产品安排产品抽样。

(5)当时可以抽到适抽产品的,检查员依据《绿色食品产品抽样技术规范》进行产品抽样,并填写《绿色食品产品抽样单》,同时将抽样单抄送绿色食品发展中心认证处。特殊产品(如动物性产品等)另行规定。

(6)当时无适抽产品的,检查员与申请人当场确定抽样计划,同时将抽样计划抄送绿色食品发展中心认证处。

(7)申请人将样品、产品执行标准、《绿色食品产品抽样单》和检测费寄送绿色食品定点产品监测机构。

(8)现场检查不合格的,不安排产品抽样。现场检查合格,当时可以抽到适抽产品的，检查员依据《绿色食品产品抽样技术规范》进行产品抽样，并填写《绿色食品产品抽样单》，同时将抽样单抄送绿色食品发展中心认证处。特殊产品（如动物性产品等）另行规定。现场检查合格，无适抽产品的，检查员与申请人当场确定抽样计划，同时将抽样计划抄送绿色食品发展中心认证处。

现场检查不合格，省绿色食品办公室书面通知申请人，认证结论按不通过处理，同时抄送绿色食品发展中心认证处。本生产周期不再受理其申请。

81. 绿色食品如何进行环境监测和产品检测?

(1)绿色食品产地环境质量现状调查由检查员在现场检查时同步完成。

(2)经调查确认，产地环境质量符合绿色食品产地环境质量现状调查技术规定的免测条件，免做环境监测。

(3)根据《绿色食品　产地环境质量现状调查技术规范》的有关规定，经调查确认，必要进行环境监测的，省绿色食品办公室自收到调查报告 2 个工作日内以书面形式通知绿色食品定点环境监测机构进行环境监测，同时将通知单抄送绿色食品发展中心认证处。

(4)定点环境监测机构收到通知单后，40 个工作日内出具环境监测报告，连同填写的《绿色食品环境监测情况表》，直接报送绿色食品发展中心认证处，同时抄送省绿色食品办公室。

(5)绿色食品定点产品监测机构自收到样品、产品执行标准、《绿色食品产品抽样单》、检测费用后，20 个工作日内完成检测工作，出具《产品检测报告》，连同填写的《绿色食品产品检测情况表》，报送绿色食品发展中心认证处，同时抄送省绿色食品办公室。

绿色食品发展中心认证处组织审查人员及有关专家对上述材料进行审核，20个工作日内做出审核结论。审核结论为“合格”或“不合格”，绿色食品发展中心认证处将认证材料、认证审核意见报送绿色食品评审委员会。

82. 绿色食品如何进行认证审核？

(1)省绿色食品办公室收到检查员现场检查评估报告和环境质量现状调查报告后，3个工作日内签署审查意见，并将认证申请材料、检查员现场评估报告、环境质量现状调查报告及《省绿色食品办公室绿色食品认证情况表》等材料报送绿色食品发展中心认证处。

(2)绿色食品发展中心认证处收到省绿色食品办公室报送材料、环境监测报告、产品检测报告及申请人直接寄的《申请绿色食品认证基本情况调查表》后，进行登记、编号，在确认收到最后一份材料后2个工作日内下发受理通知书，书面通知申请人，并抄送省绿色食品办公室。

(3)绿色食品发展中心认证处组织审查人员及有关专家对上述材料进行审核，20个工作日内做出审核结论。

(4)审核结论为“有疑问，需现场检查”的，绿色食品发展中心认证处在2个工作日内完成现场检查计划，书面通知申请人，并抄送省绿色食品办公室。得到申请人确认后，5个工作日内派检查员现将进行现场检查。

(5)审核结论为“材料不完整或补充说明”的，绿色食品发展中心认证处向申请人发送绿色食品认证审核通知单，同时抄送省绿色食品办公室。申请人需在20个工作日内将补充材料报送绿色食品发展中心认证处，并抄送省绿色食品办公室。

(6)审核结论为“合格”或“不合格”的，绿色食品发展中心认证处将认证材料、认证审核意见报送绿色食品评审委员会。

83. 绿色食品如何进行认证评审？

(1)绿色食品评审委员会自收到认证材料、认证处审核意见后10个工作日内进行全面评审，并做出认证终审结论。

(2)认证终审结论分为两种情况：

①认证合格。

②认证不合格。

(3)对“认证合格”的，进行颁证。

(4)结论为“认证不合格”的，评审委员会秘书处在做出终审结论2个工作日内，将认证结论通知单发送申请人，并抄送省绿色食品办公室。本生产周期不再受理其申请。

84. 绿色食品如何颁证？

(1)绿色食品发展中心在5个工作日内将办证的有关文件寄送“认证合格”申请人并抄送省绿色食品办公室。申请人在60个工作日内与绿色食品发展中心签订《绿色食品标志商标使用许可合同》。

(2)绿色食品发展中心主任签发证书。

五、主要绿色蔬菜生产操作规程

85. 绿色食品番茄生产操作规程

(1)建立生产基地

①选择无污染和生态条件良好的地域建立生产基地。生产基地应远离工矿区和公路、铁路干线，避开工业和城市污染的影响。

②产地空气环境质量、农田灌溉水质质量以及土壤环境质量均应符合 NY/T 391—2000 标准要求。

③土壤肥力应达到 NY/T 391—2000 规定的二级以上标准。

④要选择土层深厚、排灌方便、肥沃疏松的沙壤土或壤土。

⑤种植地块的适宜土壤 pH5.5～6.5。

⑥忌与同科作物连作，番茄不宜连作，应与非茄科作物轮作，轮作年限至少 3 年。

(2)栽培茬口安排　番茄露地栽培只能安排在无霜期内。我国部分城市的番茄露地栽培季节见表 13。

设施番茄栽培主要是温室、塑料大棚和小拱棚栽培。小拱棚主要进行春季早熟栽培，一般于当地断霜前 10～15 天定植。

塑料大棚主要进行春茬、秋茬和全年茬栽培，春茬的适宜定植期为当地断霜前 30～50 天，秋茬应在大棚内温度低于 0℃前 120 天以上时间播种。

表 13　我国部分城市的番茄露地栽培季节　　月/旬

城市名称	栽培季节	播种期	定植期	收获期
北京	春番茄	1/下至 2/下	4/中、下	6/中至 7/下
	秋番茄	6/中至 7/上	7/下	9/上至 10/上
济南	春番茄	1/中至 1/下	4/中、下	6/上至 7/下
	秋番茄	6/下	7/中	9/中至 10/中
西安	春番茄	1/上	4/上	6/上至 7/中
	秋番茄	7/下	8/下	10/上至 11/上
兰州	春番茄	2/下	4/下至 5/上	6/下至 8/上
太原	春番茄	2/上	4/下至 5/上	6/下至 9/中
沈阳	夏番茄	2/下	5/中	6/下至 7/下
哈尔滨	夏番茄	3/中	5/中、下	7/中至 8/下
上海	春番茄	12/上、中	3/下至 4/上	5/下至 7/下
武汉	春番茄	12/下至 1/上	4/上	6/上至 7/下
成都	春番茄	12/上至 1/上	3/下至 4/上	6/上至 8/上
广州	春番茄	12 月至翌年 1	2	3～5
	春番茄	2～3	3～4	5～6

温室番茄的栽培茬口安排见表 14。

表 14 番茄温室栽培季节 月

季节茬口	播种期	定植期	主要供应期	说 明
冬春茬	8	9	11月至翌年4月	可延后栽培
春茬	12月至翌年1月	2～3	4～6	保护地育苗
夏秋茬	4～5	直播	8～10	
秋冬茬	6～7	8～9	10月至翌年2月	

本操作规程以露地番茄为主,其他茬口参考进行。

(3)品种与种子选择 宜选择果实形状、颜色等符合销售地区消费习惯的,且耐热、抗病、抗裂的中、早熟品种。如中杂 9、百利、百灵、新红琪、满田 2185、满田 2180 等。

种子质量要求:品种纯度不低于 97%,品种净度不低于 98%,种子发芽率不低于 95%,含水量不高于 8%。

(4)育苗

①壮苗标准:苗龄 60～70 天;根系发育好,侧根多呈白色;茎粗壮,节间短,株高 25 厘米左右;具有 7～8 片真叶;第一花序显现大蕾。

②育苗方式:常见的育苗方式有:营养钵育苗、育苗畦育苗、营养块育苗、穴盘无土育苗,可根据具体情况加以选择。

A. 营养钵育苗 将营养土装入育苗钵中,育苗钵规格以 10 厘米×10 厘米或 8 厘米×10 厘米为宜,装土量以距钵口 2 厘米为佳,播种后施药土覆盖。

B. 育苗畦育苗 把营养土直接铺入育苗畦中,厚度为 10 厘米左右。把种子撒播在做好的苗床上,待出土生长至 1～2 片真叶时,移栽至分苗床或 10 厘米×10 厘米营养钵中。

C. 营养块育苗　用已经配置好的营养草炭土压制成块的定型营养块(图 21),直接播种至土块穴中覆土。

图 21　营养土块

D. 穴盘无土育苗　育 5～6 片叶幼苗,苗龄 60 天左右,一般选用 72 孔苗盘。基质配比为,按体积计算,草炭:蛭石为 2∶1,或草炭∶蛭石∶废菇料为 1∶1∶1,每平方米加入 15∶15∶15 的氮磷钾三元复合肥 2 千克,料与基质混拌均匀后备用。

③播种

A. 种子处理

药剂浸种:用 10%磷酸三钠溶液或 0.1%高锰酸钾溶液浸泡种子 20 秒,捞出后用清水洗净,再在常温水中浸泡 6～8 小时。

温汤浸种:将种子放入 55～60℃温水中,随之搅拌至水温降至 30℃止,再浸泡 6～8 小时。

催芽:将浸泡好的种子用干净的纱布和湿麻袋片包好,放在 28～30℃的条件下催芽,当 70%种子露白时即可播种。

B. 播种　播深 1 厘米,播后覆盖土壤或基质,后加盖一层地膜保温保湿,待幼苗出土时撤掉。

④苗期管理

A. 分苗前管理

温度管理:播后在畦面上覆盖薄膜,保温保湿。当幼苗顶土时开始放风,并逐渐加大放风量,直至薄膜撤除。

上土:幼苗拱土时,上细潮土一次,厚约 0.3 厘米,弥严土缝,助种皮脱落。出齐苗后,再上细潮土一次,厚约 0.3 厘米,保护根系和补水保墒。

B. 分苗　分苗床土依照肥土 4∶6 或 3∶7 的比例配制营养土。将营养土装在直径 8 厘米、高 10 厘米的营养钵中,上留 2 厘米不装土,将其紧密码在分苗床中。

幼苗长到二叶一心时,选晴天上午,将苗分于营养钵中。分苗前播种床要先浇水,将小苗带土挖起。营养钵、穴盘点播的不分苗,一次成苗。

C. 分苗后管理

温度管理:分苗后分苗床上加扣小拱棚,保温保湿。缓苗后逐渐降温,直至小拱棚撤除。定植前 10～15 天进行低温锻炼,白天气温降至 20℃左右,夜间 10℃左右。苗期温度管理见表 15。

表 15　苗期温度管理　℃

时期	白天		夜间	
	土温	气温	土温	气温
播种至出齐苗	20～25	25～28	22～20	18～16
出齐苗至分苗	18～20	18～22	12～8	18～16
分苗至缓苗	18～20	26～30	20～8	20～18
缓苗后至定植前	15～16	20～25	15～13	14～12
定植前 15 天炼苗	15～16	18～22	12～10	12～10～8

水分管理:苗期不旱不浇,以控为主,若缺水可在晴天中午洒水,严禁浇大水。

倒苗:对容器育苗,要通过调换容器位置,使其长势均匀。

囤苗:定植前 5～6 天,分苗床内充分浇水,第二天将苗带坨挖起，整齐的码放在苗床内，土坨之间用土弥缝，以备定植。

番茄育苗从播种到定植需 50～60 天，当幼苗具 8～9 片叶时定植。

(5)定植

①整地做畦　每 667 米^2 施充分腐熟的优质粪肥 5 000～7 500千克，其中一半铺施后深翻，余下的一半掺入 50 千克过磷酸钙或 25 千克复合肥集中施。做成宽垄，垄宽 70 厘米，沟宽 30～50 厘米，垄高 10～12 厘米，起垄后覆盖地膜。

在中国西北、华北春季比较干旱的地区或进行高度密植的早熟栽培，以平畦为宜，畦一般宽 1.0～1.2 米。

②定植技术　春季当地晚霜过后，日平均气温达 15℃以上，10 厘米地温稳定在 10℃以上时定植。

在宽垄的两个肩部破膜、交错开穴，穴深 10～13 厘米。穴内灌足清水，待水渗下后，将带土坨幼苗轻放于沟内，覆土封穴。早熟品种株距 25～30 厘米，中晚熟品种株距 30～33 厘米。

(6)田间管理

①肥水管理　定植后将垄沟放满水，缓苗后浇缓苗水，之后到坐果前控水蹲苗。若蹲苗期间遇到天气干旱或水未浇透时，可在第一花序开放前再浇一次催花水，水后继续蹲苗。当有 60%以上植株第一穗果长有核桃大小时结束蹲苗，浇水并追攻秧攻果肥，每 667 米^2 施入 1 000 千克粪稀或专用肥 20 千克。进入结果盛期后，要经常保持地表见湿见干。攻秧攻果肥追后，每隔 10～15 天每 667 米^2 追施一次番茄专用肥 15～20 千克，并用 0.2%磷酸二氢钾叶面喷施 2～3 次。

②植株调整　浇过缓苗水后，当植株高 25～30 厘米时需及时搭架绑蔓，常用人字架和三角锥形架或四角锥形架。插架后随即

绑蔓。

番茄的整枝方式有多种，各有特点。常用的整枝方式为单干整枝，对无限生长型品种，留 3～5 穗果摘心，摘心时应于顶部果穗上留 2 片叶，有利于果实生长，并有遮阴防止果实日灼的作用。

③留花留果　一般每穗花序，大型果品种留 3～4 个，小型果品种（不包含樱桃番茄品种）留 4～5 个，其余花或果可全部去掉。

（7）病虫害防治

①防治原则

第一，坚持"提前预防，综合防治"的植保方针，以农业防治、生物防治、物理防治为主，化学防治为辅的无害化防治原则。

第二，农药的选择和使用应符合 NY/T 393 的要求。

②主要病害防治

A. 番茄病毒病

a. 选用抗病、耐病丰产的一代杂种，如中杂 101、中杂 106、佳粉 18 号等。

b. 种子药剂处理。播种前用清水浸种 3 小时，捞出沥干，再在 10％磷酸三钠溶液中浸 20 秒，用清水反复冲洗后，再继续用常温水浸种。或将种子用肥皂水搓洗，捞出沥干后，再在 0.1％高锰酸钾溶液中浸 20 秒，用清水冲洗后继续用常温水浸种。

c. 加强肥水管理，增强植株抗病力。

d. 喷洒 5％联菊。啶虫脒乳油，每 667 米^2 用制剂 100 毫升预防蚜虫。整个生长季节中允许使用 1 次，最后一次使用时间距采收时间须在 7 天以上。

e. 发病初期喷洒 20％盐酸吗啉胍・乙铜可湿性粉剂，每 667 米^{2}使用有效成分含量 45 克。整个生长季节中允许使用 1 次，最后一次使用时间距采收时间须在 7 天以上。

B. 番茄疫病

a. 选用抗病品种，与非茄科蔬菜实行 3 年以上轮作。

b. 温汤浸种。用 55℃ 温水浸种 30 秒，再在常温水中继续浸种。

c. 发现中心病株时，应立即喷洒 70％代森锰锌可湿性粉剂，每 667 米^2 使用有效成分含量 150 克。整个生长季节中允许使用 1 次，最后一次使用时间距采收时间须在 7 天以上。

③主要虫害防治

A. 烟青虫、棉铃虫防治　成虫盛期或幼虫孵化期喷洒 5％甲维盐水分散颗粒剂，每 667 米^2 用制剂 2 克。整个生长季节中允许使用 1 次，最后一次使用时间距采收时间须在 10 天以上。

B. 白粉虱

a. 用黄板诱杀成虫。

b. 培育无虫苗，要防止随苗将白粉虱带入温室。消灭前茬和温室周围的虫源。

c. 以虫治虫，以丽蚜小蜂控制白粉虱的危害。当白粉虱成虫数量达每株 1～3 头时，按白粉虱成虫与寄生蜂 1∶(2～4)的比例，每隔 7～10 天释放丽蚜小蜂一次，共放蜂 3 次，能有效地控制其为害。

d. 喷洒 10％的吡虫啉可湿性粉剂，每 667 米^2 用制剂 20～30 克。整个生长季节中允许使用 1 次，最后一次使用时间距采收时间须在 10 天以上。

(8)采收、包装、贮运

①产品质量标准。番茄感官质量要求见表 16。

表16 绿色食品番茄感官质量要求

品质	规格	限度
1.同一品种、成熟适度、色泽好、果形好、新鲜、果面清洁 2.无腐烂、异味、灼伤、冷害/冻害、病虫害及机械伤	规格用整齐度表示。同规格的样品其整齐度应≥90%	每批样品中不符合品质要求的按质量计总不合格率不得超过5%

注:腐烂、异味和病虫害为主要缺陷。

营养指标应符合表17的要求。

表17 绿色食品番茄营养指标要求

项目	指标
维生素C(毫克/100克)	≥12
可溶性固形物(%)	≥4
总酸(%)	≤5
番茄红素(毫克/千克)	≥4(鲜食),≥8(加工用)

卫生指标应符合表18中的规定。

表18 绿色食品番茄卫生指标要求 毫克/千克

序号	项目	指标	序号	项目	指标
1	砷(以As计)	≤0.2	10	毒死蜱	≤0.2
2	汞(以Hg计)	≤0.01	11	敌百虫	≤0.1
3	铅(以Pb计)	≤0.1	12	氯氰菊酯	≤0.5
4	镉(以Cd计)	≤0.05	13	溴氰菊酯	≤0.2
5	氟(以F计)	≤0.5	14	氰戊菊酯	≤0.2

续表 18

序号	项目	指标	序号	项目	指标
6	乙酰甲胺磷	≤0.02	15	抗蚜威	≤0.5
7	乐果	≤0.5	16	百菌清	≤1
8	敌敌畏	≤0.1	17	多菌灵	≤0.1
9	辛硫磷	≤0.05	18	亚硝酸盐(以 NO^{2-} 计)	≤2

注:按照 NY/T 393—2000 规定的禁用农药不得检出,其他农药参照国家有关农药残留限量标准。

②采收　番茄是以成熟果实为产品的蔬菜,果实成熟分为绿熟期、转色期、成熟期和完熟期四个时期。

采收后需长途运输 1～2 天的,可在转色期采收,此期果实大部分呈白绿色,顶部变红,果实坚硬,耐运输,品质较好。

采收后就近销售的,可在成熟期采收,此期果实 1/3 变红,果实未软化,营养价值较高,生食最佳,但不耐贮运。

生长期施过化学合成农药的番茄,采收前 1～2 天必须进行农药残留生物检测,合格后及时采收,分级包装上市。

③包装　包装基本要求:

有较长的保质期(货架寿命);包装洁净,不带来二次污染;尽量减少损失原有营养及风味;包装成本低;储运方便、安全;增加美感引起食欲。

包装标签内容要求:食品名称;配制表格;净含量及固形物含量;制送者、生产者的名称和地址;日期标志(生产日期、保质期和保存期)和储藏指南;质量(品质)等级;产品标准号;特殊标注内容。

④贮运　应符合 NY/T 1056 的要求。

贮存时,应按品种、规格分别贮存。成熟果实可贮在 0～2℃

环境，但绿熟果的贮藏适温为10～13℃，低于8℃即遭冷害。空气相对湿度保持在85%～90%。库内堆码应保证气流均匀流通。

86. 绿色食品甜椒生产操作规程

(1)建立生产基地

①选择无污染和生态条件良好的地域建立生产基地。生产基地应远离工矿区和公路、铁路干线，避开工业和城市污染的影响。

②产地空气环境质量、农田灌溉水质质量以及土壤环境质量均应符合NY/T 391—2000标准要求。

③土壤肥力应达到NY/T 391—2000规定的二级以上标准。

④种植地块的适宜土壤pH5.5～6.5。

⑤忌与同科作物连作。

(2)茬口安排　露地栽培只能安排在无霜期内。我国部分城市的甜椒露地栽培季节见表19。

表19　我国部分城市的甜椒露地栽培季节　　月/旬

城市名称	播种期	定植期	收获期
北京	1/下至2/下	4/中、下	6/中至7/下
济南	1/中至1/下	4/中、下	6/上至7/下
西安	1/上	4/上	6/上至7/中
兰州	2/下	4/下至5/上	6/下至8/上
太原	2/上	4/下至5/上	6/下至9/中
沈阳	2/下	5/中	6/下至7/下
哈尔滨	3/中	5/中、下	7/中至8/下
上海	12/上、中	3/下至4/上	5/下至7/下

续表 19

城市名称	播种期	定植期	收获期
武汉	12/下至 1/上	4/上	6/上至 7/下
成都	12/上至 1/上	3/下—4/上	6/上至 8/上
广州	12 月至翌年 1	2	3～5

设施甜椒栽培主要是温室、塑料大棚和小拱棚栽培。小拱棚主要进行春季早熟栽培，一般于当地断霜前 10～15 天定植。

塑料大棚主要进行春茬、秋茬和全年茬栽培，春茬的适宜定植期为当地断霜前 30～50 天，秋茬应在大棚内温度低于 0℃前 120 天时间播种。

温室甜椒的栽培茬口安排见表 20。

表 20 甜椒温室栽培季节 月

季节茬口	播种期	定植期	主要供应期	说明
冬春茬	8	9	11 月至翌年 4 月	可延后栽培
春茬	12 月至翌年 1 月	2～3	4～6	保护地育苗
夏秋茬	4～5	直播	8～10	
秋冬茬	6～7	8～9	10 月至翌年 2 月	

本操作规程以露地茬口为主，其他茬口参考进行。

(3)选择品种　露地栽培宜采用耐热、抗病、生育期长的中晚熟品种。甜椒品种有冀研 12、冀研 13、中椒 7 号等；辣椒品种有冀研 7、冀研 19 等。

种子质量要求：品种纯度不低于 95%，品种净度不低于 98%，种子发芽率不低于 80%，含水量不高于 8%。

(4)育苗　温室内育苗,育苗期一般为 80～90 天。如采用电热温床,育苗期可缩短至 70～75 天。

①壮苗标准　秧苗茎高 18～25 厘米,有完好子叶和真叶 9～14 片,茎粗壮,现花蕾,根系发达,无病虫危害的幼苗。

②种子处理　种子需筛选摊晒后,放置 55～60℃的热水中浸种 10～15 分钟,加入冷水降至 30℃后,浸泡 7～8 小时,让种子充分吸足水分,搓掉种皮上的黏液,用湿纱布包好,放置在 30～32℃的环境中催芽,每天用温水淘洗 1 次,一般 6～7 天后,约 70%种子出芽即可播种。

③苗床土的配制　用未种过茄果类作物的大田土(必须过筛)5 份,细沙取 1 份,充分腐熟的优质农家肥 4 份,每方大田土加拌 0.5 千克生物杀菌剂(注意用此药不能再混用其他杀菌剂)。用直径 10 厘米以上的塑料钵盛土育苗。

④播种　播种前在苗畦周围用 500 倍多菌灵或 600 倍的百菌清喷雾防病,然后在育苗钵中部扎成 1 厘米深的孔,把发芽种子播进一粒,覆上 1.0～1.5 厘米厚的土,播种后覆盖地膜。苗床上搭拱棚,覆盖棚膜。

⑤苗期管理　播种后保持温度 25～30℃。幼苗大部出土时,及时在傍晚揭去地膜,加强通风,3 叶 1 心前保持苗床湿润。一般在苗子定植前一周左右开始炼苗。炼苗时先把苗床白天的温度降低到 25℃左右,夜间的温度下降到 10～12℃。3 天后再把白天温度下降到 20～25℃,外界温度在 15℃以上时,白天可撤掉苗床上的小拱棚,让辣椒苗暴露在自然条件下进行生长;夜间温度降低到 8～10℃范围内。

(5)定植

A. 整地做畦　选择肥沃且排灌良好的壤土或沙壤土。定植前施入充分腐熟的优质厩肥,每 667 米^2 5 000～7 500 千克,将2/3

均匀撒施，1/3 沟施。基肥中每 667 米^2 施用过磷酸钙 15～20 千克，促进根系发育及开花结果。

采取垄作，垄高 15 厘米左右，垄距 50～60 厘米。做垄后应立即铺地膜。

B. 技术要点

当地终霜过后，10 厘米地温稳定在 12℃以上时定植。

定植密度应视品种、土壤肥力和施肥水平而定。一般每 667 米^2 3 000～4 000 穴（单株或双株），行距 50～60 厘米，穴距 25～33 厘米。

(6)田间管理　根据辣椒喜温、喜水、喜肥以及高温易得病、水涝易死秧、肥多易少根的特点，在整个生长期内，应按不同的生长阶段进行管理。

缓苗水轻浇，浇水后及时中耕，增温保墒，促进发根，中耕 1～2 次后，视土壤墒情可适当浇两遍水，并结合轻追肥，再中耕，开始蹲苗。

第一花下方主茎上的侧芽应及时摘除。

当门椒长到鸡蛋大小时，每 667 米^2 随水冲施甜椒专用肥 15 千克。

开始采收至盛果期的管理，主要抓好促秧、攻果。此阶段气温逐渐升高，降雨量逐渐增多，病虫害陆续发生，是决定产量高低的关键时期。此期管理重点为防止早衰，应及时采收门椒，及时浇水，经常保持土壤湿润，促秧攻果，争取在高温季节前封垄。

盛果期追肥 3～4 次，可用腐熟农家肥每 667 米^2 施 300～500 千克，或甜椒专用肥 15 千克。

进入高温季节后的管理，应着重保根、保秧，防止败秧与死秧。应早、晚灌溉，避免灌后遇雨，造成落叶。

(7)病虫害防治

①防治原则

第一,坚持“提前预防,综合防治”的植保方针,以农业防治、生物防治、物理防治为主,化学防治为辅的无害化防治原则;

第二,农药的选择和使用。应符合 NY/T 393 的要求。

②主要病害防治

A. 辣椒疫病

a. 选用抗病品种:除朝天椒较抗病外,其他品种的抗病性均较差。

b. 种子处理:用 10%福尔马林液浸种 30 分钟,药液以浸没种子 5~10 厘米为宜,捞出、漂洗、催芽、播种。

c. 实行土壤消毒:7~8 月是辣椒田病害严重发生期,在老菜区结合灌水,用 98%硫酸铜每 667 米^2 施药 1~1.5 千克,撒施田间或包放水口处,随水流入田间,有较好防治效果。

d. 发病初期,用 75%百菌清可湿性粉剂 600 倍喷雾防治。整个生长季节中允许使用 1 次,最后一次使用时间距采收时间须在 7 天以上。

B. 辣椒病毒病

参照番茄病毒病进行。

C. 辣椒炭疽病

a. 选用抗病品种和实行种子处理:播种前进行种子温汤浸种:用清水洗净种子,然后用 55~60℃温水浸种 10~15 秒,再进行一般浸种。

也可用硫酸铜溶液浸种:先将种子在清水中浸泡 6~15 小时,再用 1%硫酸铜溶液浸种 5 秒,捞出后拌少量消石灰或草木灰中和酸性,或硫酸铜浸种后,用清水洗 3 遍,再播种。

b. 用营养钵育苗，减少移植伤根。

c. 田间操作避免碰伤果实。

d. 发现病株及时用 1∶1∶200 波尔多液，或 50%多菌灵 500 倍喷雾防治。整个生长季节中允许使用 1 次，最后一次使用时间距采收时间须在 7 天以上。

③主要虫害防治　主要有棉铃虫、白粉虱、蚜虫，可参照番茄进行防治。

(8)采收、包装、贮运

①产品质量标准　辣椒感官质量要求见表 21。

表 21　绿色食品辣椒感官要求

品 质	规 格	限 度
1. 同一品种、成熟适度、色泽好、果形好、新鲜、果面清洁 2. 无腐烂、异味、灼伤、冷害/冻害、病虫害及机械伤	规格用整齐度表示。同规格的样品其整齐度应≥90%	每批样品中不符合品质要求的按质量计，总不合格率不得超过 5%

营养指标应符合表 22 的要求。

表 22　绿色食品辣椒营养指标

项 目	指标
维生素 C(毫克/100 克)	≥60
可溶性固形物(%)	—
总酸(%)	—
番茄红素(毫克/千克)	—

卫生指标应符合表 23 中的规定。

表 23　绿色食品辣椒卫生指标　　毫克/千克

序号	项目	指标	序号	项目	指标
1	砷(以 As 计)	≤0.2	10	毒死蜱	≤0.2
2	汞(以 Hg 计)	≤0.01	11	敌百虫	≤0.1
3	铅(以 Pb 计)	≤0.1	12	氯氰菊酯	≤0.5
4	镉(以 Cd 计)	≤0.05	13	溴氰菊酯	≤0.2
5	氟(以 F 计)	≤0.5	14	氰戊菊酯	≤0.2
6	乙酰甲胺磷	≤0.02	15	抗蚜威	≤0.5
7	乐果	≤0.5	16	百菌清	≤1
8	敌敌畏	≤0.1	17	多菌灵	≤0.1
9	辛硫磷	≤0.05	18	亚硝酸盐(以 NO^{2-} 计)	≤2

②采收　辣椒是多次采收的果菜，为实现增产增收目标必须适时采收，一般对于不留种的青椒，以采收嫩果为主。一般在开花授粉后 25～30 天，椒果膨大速度变慢，果皮浓绿而富光泽时，即可采收青熟果。门椒、对椒及长势弱植株上的果实适当早收，其他各层在果实充分膨大，果肉变硬、色变深且保持绿色未转红时采收最为适期。

秋冬季节当外界最低气温在 5℃以前，要将全部果实及时采收，以免受冻。

生长期施过化学合成农药的辣椒，采收前 1～2 天必须进行农药残留生物检测，合格后及时采收。

果实采收后，应按绿色食品采后处理的各项环节进行科学处理，以防二次污染，杜绝人为减收。

③包装　包装基本要求：

有较长的保质期(货架寿命);包装洁净,不带来二次污染;尽量减少损失原有营养及风味;包装成本低;储藏运输方便、安全;增加美感引起食欲。

包装标签内容要求:食品名称;配制表格;净含量及固形物含量;制送者、生产者的名称和地址;日期标志(生产日期、保质期和保存期)和储藏指南;质量(品质)等级;产品标准号;特殊标注内容。

④贮运　应符合 NY/T 1056 的要求。

贮存时应按品种、规格分别贮存。贮存辣椒的适宜温度 8～10℃,空气相对湿度保持在 85%～90%。库内堆码应保证气流均匀流通。

87. 绿色食品黄瓜生产操作规程

(1)建立生产基地

①选择无污染和生态条件良好的地域建立生产基地。生产基地应远离工矿区和公路、铁路干线,避开工业和城市污染的影响,

②产地空气环境质量、农田灌溉水质质量以及土壤环境质量均应符合 NY/T 391—2000 标准要求。

③土壤肥力应达到 NY/T 391—2000 规定的二级以上标准。

④种植地块的适宜土壤 pH5.7～7.2,以 pH6.0 左右为最适。

⑤忌与同科作物连作。

(2)茬口安排　露地栽培只能安排在无霜期内。我国部分城市的黄瓜露地栽培季节见表 24。

表 24　我国部分地区露地黄瓜生产茬口安排　　月/旬

地区	季节茬口	播种期	定植期	收获期
哈尔滨、呼和浩特	春茬	4/上至 4/下	6/上至 6/下	6/下至 8/上
沈阳、太原、乌鲁木齐	春茬 秋茬	3/下至 4/上 6/中至 7/上	5/中至 5/下 直播	6/上至 7/中 8/上至 9/上
北京、济南、郑州、西安	春茬 秋茬	3/上至 4/上 6/中至 7/下	4/下至 5/中 直播	5/中至 7/中 7 下至 9/下
上海、南京、武汉、重庆	春茬 夏茬 秋茬	2/下至 3/上 5/下至 6/中 7/下至 8/上	4/上至 4/下 直播 直播	4/下至 6/下 7/上至 8/下 9/上至 10/下
广州、海南、南宁	春茬 1 春茬 2 夏茬 秋茬 冬茬	12/下至 1/上 2/下至 3/上 4～6 8～9 10/上	2/下至 3/上 直播 直播 直播 直播	3～4 5～6 6～9 10～12 12～1

设施黄瓜栽培主要是温室、塑料大棚栽培。塑料大棚主要进行春茬、秋茬和全年茬栽培，春茬的适宜定植期为当地断霜前30～50 天，秋茬应在大棚内温度低于 0℃前 90 天以上时间播种。

温室黄瓜的栽培茬口安排见表 25。

表 25 我国北方地区设施黄瓜生产茬口安排

季节		播种期（月/旬）	定植期（月/旬）	收获期（月）	备注
日光温室	秋冬茬	7/上至 8/上	直播	10～1	不嫁接
	冬春茬	9/下至 10/上	10/中至 11/中	12～4	嫁接栽培
	春茬	12/下至 1/下	2/上至 3/上	3～6	嫁接或不嫁接
	夏秋茬	4/下至 5/上	直播	7～10	不嫁接、夏季防雨、遮阳
塑料大棚	春茬	2/上至 3/上	3/上～4/上	4～7	嫁接或不嫁接
	秋茬	6～7	直播	8～10	不嫁接、夏季防雨、遮阳

本操作规程以露地茬口为主，其他茬口参考进行。

(3)选择品种

①春茬品种选择　应选择耐低温，坐瓜节位低，节成性好，抗病，特别是抗霜霉病的早中熟品种。适宜露地春茬栽培的品种有津春 4 号、津春 5 号、津绿 5 号、津优 40 号、中农 10 号、鲁春 26 号、鲁黄瓜 2 号、豫黄瓜 1 号、龙杂黄 7 号、吉杂 3 号等。

②夏茬品种选择　应选择耐高温、耐强光、耐涝、抗病、优质高产的品种。适宜露地夏茬栽培的品种有津绿 4 号、津优 4 号、中农 16 号、鲁秋 1 号、鲁黄瓜 2 号、绿耐克、豫黄瓜 1 号、吉农 2 号等。

③秋茬品种选择　应选择耐热又抗寒、耐涝、抗病、高产、生长势强、品质好的中晚熟品种。适宜露地秋茬栽培的品种有津优 4 号、津优 40、津绿 5 号、鲁春 32 号、秋丰、中农 8 号、京旭 2 号等。

种子质量要求：品种纯度不低于 95%，品种净度不低于 98%，种子发芽率不低于 95%，含水量不高于 8%。

(4)育苗　露地春茬栽培选择阳畦、塑料拱棚苗床或电热温床育苗;夏、秋茬栽培选择地势高燥、排水和通风良好的地块建造苗床,苗床上搭建遮阴、防虫、防雨棚。

①壮苗标准　根系洁白,根毛发达,4～5片真叶的幼苗其侧根应在40条左右,下胚轴长度不超过6厘米,直径0.5厘米以上,子叶完整、全绿,肥而厚,真叶水平展开,肥厚,色绿而稍浓,株冠大而不尖。

春茬一般日历苗龄30～40天,生理苗龄3叶1心;夏茬育苗以小苗定植为宜,一般日历苗龄15～20天,具有2叶1心。

②配制营养土　选用肥沃田土和充分腐熟的有机肥、草木灰等。要充分捣碎捣细,过筛后按5份土、5份有机肥,或6份土、4份有机肥,再加入适量的草木灰,以及杀菌剂、杀虫剂,充分混合均匀。

营养土方育苗,将营养土直接铺到苗床中,厚度12厘米左右。容器育苗,将营养土装入营养钵、纸袋或塑料筒中。

③种子处理

A. 温水浸种:把种子放入55～60℃热水中,维持水温浸泡10～15秒,用清水冲洗去除黏液。

B. 高锰酸钾浸种:先用清水浸种1～2小时,再放入0.5%的高锰酸钾溶液中浸泡30秒,捞出洗净。

C. 催芽:冬季育苗时,清选种子,剔除瘪籽、破碎籽及杂质等。将消毒好的种子沥干后用干净湿纱布包好,置于26～28℃下催芽,每天用30℃左右的清水洗种子一次。

夏季育苗一般不催芽,将消毒好的种子直接播种。

④播种　浇足底水,点播,覆土厚度1.5厘米左右。每667米^{2}用种量100～150克。

⑤苗床管理

A. 发芽期　播种后昼夜保持 25～30℃。子叶出土到第 1 片真叶露心，逐渐加大通风量，降低温度和湿度，白天气温 20～25℃，夜间 15℃左右，地温 18℃左右。要防止出苗不齐、“戴帽”出土、烂种、猝倒病等现象的发生。

B. 苗期　白天温度 25℃，夜间 13～15℃。尽量使幼苗多见光。苗期进行 2～3 次覆土，选择叶片上没有水珠时进行，每次覆土约 1 厘米。苗床缺水要及时补充，不追肥或根据幼苗长势喷施 1～2 次叶面肥。及时防止沤根、徒长、病害等现象的发生。

C. 炼苗　定植前 1 周进行，逐渐加大通风量，直至揭除全部覆盖物。采用营养土块育苗的要割坨、晒坨，采用容器育苗的要倒钵。一般不浇水，个别植株干旱时可稍喷些水，定植前 1 天苗床浇透水。

(5)定植

①确定定植时期和密度　春茬一般在晚霜过后，日平均气温稳定在 15℃，10 厘米地温稳定在 12℃以上时定植，应选择晴朗无风天气进行定植。其他茬次按照当地茬口安排和气候条件适期直播或育苗移栽。一般采取大、小行栽培，平均行距 60 厘米左右，株距 25～28 厘米。

②整地施肥　前茬作物收获后及时清园。每 667 米^2 施入充分腐熟的优质农家肥 5 000 千克或堆肥土杂肥 7 500 千克，过磷酸钙 100 千克，硫酸钾 30 千克。肥料 2/3 地面普施，1/3 集中施于定植沟内。地面普施后深翻 25～30 厘米，精细整地。做成高畦，高度 12～15 厘米，夏秋季应稍高。

春茬栽培多采取地膜覆盖，以实现早熟高产。宜采用无色透明地膜，并在做畦前造足底墒；夏茬采用黑色地膜覆盖，能起到防暴雨冲刷、保墒和防杂草等作用。

③定植 高温季节按株行距挖穴，栽完苗后统一浇水。低温期挖穴栽苗后先少量覆土并适当压紧、浇水，等水渗下后再覆土封穴。

选健壮瓜苗定植，淘汰病苗、虫苗、弱苗等定植，并且定植时尽量不伤根。

(6)田间管理

①肥水管理 定植时浇透水，4～5天后浇缓苗水，之后中耕，适当蹲苗。根瓜坐住后，进入结果期，伴随气温升高，要逐渐加强追肥浇水，用肥水比1∶5倍的腐熟人、畜粪尿或沼汽肥施肥，盛瓜期3～5天浇1次水，1次清水1次肥水。结瓜后期减少肥水供应。

②植株调整

A.搭架、绑蔓 黄瓜开始抽蔓后搭架，多用人字形架，架高1.7～2.0米，每株1杆，插在离瓜秧8～10厘米处。插架要牢固、位置要适当。上架后每隔3～4叶绑蔓1次，绑在瓜下1～2叶处，多采用弯曲绑蔓法，以缩短植株高度。

绑蔓要松紧适度，生长势强的瓜蔓比生长势弱的要适当绑紧一些，弯曲程度大一些，绑蔓后使全田瓜秧尽量处在同一高度。绑蔓宜在下午进行。

B.整枝、摘心 以主蔓结瓜为主，及时摘除下部侧枝，中上部侧枝见瓜后在瓜前留1～2叶摘心。主蔓长蔓架顶后摘心。及时去除基部老叶、黄叶、病叶，并结合绑蔓和缠蔓，顺手除去卷须和雄花。

③疏花疏果 雌花过多的植株要疏去部分幼花和幼果，一株上留一条即将要采收的大瓜，一条半成品瓜，1～2节留一个雌花，过多的雌花全部疏去。

(7)病虫害防治

①防治原则

第一,坚持“提前预防,综合防治”的植保方针,以农业防治、生物防治、物理防治为主,化学防治为辅的无害化防治原则。

第二,农药的选择和使用应符合 NY/T 393 的要求。

②主要病害防治

A. 黄瓜霜霉病

a. 选用抗病品种,如津研 2、4 号,津杂 4 号,津春 2 号等。

b. 通风,控温,防止叶面结露水。

c. 药剂防治:发病初期喷洒 75%百菌清可湿性粉剂 500~800 倍液,或 25%多菌灵可湿性粉剂 500~1 000 倍液、64%恶霜灵(杀毒矾)可湿性粉剂 400~500 倍液防治。每种农药只能使用一次,交替轮换使用,最后一次使用时间距采收时间须在 7 天以上。

B. 黄瓜白粉病

a. 选用抗病品种,如津研 2、4 号。

b. 药剂防治:发病初期喷洒 15%粉锈宁可湿性粉剂 1 000 倍液,或农抗 120~200 倍液。上述农药整个生长季节中允许使用 1 次,最后一次使用时间距采收时间须在 7 天以上。

C. 黄瓜炭疽病

a. 选用无病果实留种。

b. 温水浸种。种子在 55℃温水中浸 15 分钟后,催芽播种。

c. 药剂防治:喷洒 75%百菌清可湿性粉剂 400~700 倍液。整个生长季节中允许使用 1 次,最后一次使用时间距采收时间须在 7 天以上。

D. 黄瓜枯萎病

a. 采用抗病品种,也可与南瓜嫁接。

b. 生长前期要控制浇水，实行小水轻浇，夏季不在中午浇水，肥料必须腐熟。

c. 药剂防治：发病初期用 100～150 倍的农抗 120 或 50%多菌灵可湿性粉剂 500 倍液灌根。上述农药整个生长季节中允许使用 1 次，最后一次使用时间距采收时间须在 7 天以上。

E. 黄瓜疫病

a. 发病中心病株要及时拔除深埋，病穴用生石灰灭菌。

b. 药剂防治：用 75%百菌清可湿性粉剂 500～700 倍液，或 1∶1∶(240～300)的波尔多液连续喷药防治。上述农药整个生长季节中允许使用 1 次，最后一次使用时间距采收时间须在 7 天以上。

③主要虫害防治　移苗前喷药，可选用绿灵 0.3%苦参素植物杀虫剂 1 000 倍液预防蚜虫，蚜虫发生初期用 500 倍液控制其为害，并可兼治红蜘蛛和茶黄螨。也可用该药 500 倍液防治红蜘蛛或茶黄螨。整个生长季节中允许使用 1 次，最后一次使用时间距采收时间须在 10 天以上。

(8)采收、包装、储运

①产品质量标准　感官质量应符合表 26 的规定。

表 26　绿色食品黄瓜感官质量要求

品质	规格	限度
1. 同一品种或相似品种，成熟适度，色泽正，果形正常，新鲜、果面清洁 2. 无腐烂、畸形、异味、冷害、冻害、病虫害及机械伤	同规格的样品其整齐应≥90%	每批样品中不符合品质要求的样品按质量计，总不合格率不应超过 5%

注：腐烂、异味和病虫害为主要缺陷。

营养指标应符合表27的要求。

表27 绿色食品瓜类蔬菜营养指标

项目	指标
维生素C(毫克/100克)	≥9

注:本标准中的指标仅作参考,不作为判定依据。

卫生指标应符合表28的要求。

表28 绿色食品黄瓜卫生指标

序号	项目	指标(毫克/千克)
1	砷(以As计)	≤0.2
2	汞(以Hg计)	≤0.01
3	铅(以Pb计)	≤0.1
4	镉(以Cd计)	≤0.05
5	乙酰甲胺磷(acephate)	≤0.02
6	乐果(dimethoate)	≤1
7	毒死蜱(chlorpyrifos)	≤0.05
8	抗蚜威(pirimicard)	≤0.5
9	氯氰菊酯(cypermethrin)	≤0.2
10	溴氰菊酯(deltamethrin)	≤0.1
11	氰戊菊酯(fenvalerate)	≤0.02
12	三唑酮(triadimefon)	≤0.2
13	百菌清(chlorothalonil)	≤1
14	多菌灵(carbendazim)	≤0.1
15	亚硝酸盐(以$NaNO_2$计)	≤2

注:其他农药参照《农药管理条例》和有关农药残留限量标准。

②采摘　在上部植株的瓜坐稳后及时采摘脚瓜，前期2～3天一次，盛瓜期1～2天一次。

采收的适期为顶花带刺。

根瓜采收要早，对生长势弱的植株要早采；生长势强的要晚采，通过采瓜、留瓜来调节植株长势。采收前一天浇水，次日早晨采收。采收时用剪刀剪下果柄，要轻采轻放，避免机械损伤。

生长期施过化学合成农药的黄瓜，采收前1～2天必须进行农药残留生物检测，合格后及时采收，分级包装上市。

③包装　用于产品包装的容器如塑料箱、纸箱等应按产品的大小规格设计，同一规格应大小一致，整洁、干燥、牢固、透气、无污染、无异味，内壁无尖突物，无虫蛀、腐烂、霉变等，纸箱无受潮、离层现象。包装应符合：NY/T 658的要求。

按产品的品种、规格分别包装，同一件包装内的产品应摆放整齐紧密。每批产品所用的包装、单位质量应一致。

包装上应明确标明绿色食品标志。

每一包装上应标明产品名称。

④运输　运输前应进行预冷。运输过程中注意防冻、防雨淋、防晒、通风散热。

⑤贮存　贮存时应按品种、规格分别贮存。贮存的适宜温度为10～13℃，适宜湿度90%～95%。

库内堆码应保证气流均匀流通。

88. 绿色食品西瓜生产操作规程

(1)建立生产基地

①选择无污染和生态条件良好的地域建立生产基地。生产基地应远离工矿区和公路、铁路干线，避开工业和城市污染的影响。

②产地空气环境质量、农田灌溉水质质量以及土壤环境质量均应符合 NY/T 391—2000 标准要求。

③土壤肥力应达到 NY/T 391—2000 规定的二级以上标准。

④要选择土层深厚、排灌方便、地力肥沃、疏松透气的沙壤土或壤土。

⑤种植地块的适宜土壤 pH5～7。

(2)选择品种　根据栽培目的和销往地区的消费习惯，选择抗逆性强、高产、优质的品种。

早熟品种有京欣 1 号、郑抗 7 号、郑抗 8 号、世纪春蜜等。

中熟品种有开杂 12 号、庆发八号、西农 8 号、郑抗无籽 3 号、郑抗无籽 5 号等。

种子质量要求：种子纯度不低于 95%，净度不低于 98%，发芽率为 90%以上，含水量不高于 12%。

(3)育苗

①壮苗标准　苗龄期 30～40 天，叶龄在片 3～5 片叶，株高 10～15 厘米。

②育苗床选择　选择地势较高，通风透光良好的地方制作育苗床。采用塑料小拱棚内营养钵或营养块育苗。

③营养土配制　选用肥沃园田土 60%，腐熟厩肥 40%，每平方米营养土中加入尿素和硫酸钾各 0.5 千克，磷酸二铵 2 千克，3.3%福甲霜粉剂，拌匀备用。

可将营养土装入营养钵中，营养钵高 10～12 厘米，直径 8～12 厘米。

④种子处理

A. 晒种　播前 15 天，晒种 2 天。

B. 浸种

温汤浸种：把种子放入55℃温水中烫种15秒，并不断搅动，捞出立即放凉水中急速降温，然后用温水浸泡24小时。

药剂浸种：用50%的多菌灵可湿性粉剂800倍液浸种消毒10～15秒，然后捞出洗净，准备催芽。

C. 催芽　将浸泡好的种子捞出，放在纱布上包好，置于28～32℃的条件下催芽30小时左右后，种子露白后即可准备播种。

⑤播种　在日平均气温稳定通过15℃、棚温升到25℃时播种。

播种前，一次性浇透苗床水，在营养钵或营养方块中央扎眼，将催芽的种子播下，覆土1.5厘米。播种后注意保温保湿，提高出苗率。

用发芽率在90%以上的种子，每平方米播种量50～70克。

⑥苗期管理

A. 温度管理　播种至出苗时要密封保温，床温保持在30～35℃；出苗50%以上时降低温度，白天温度20～25℃，夜间15～17℃。幼苗展开第一片真叶后，床温白天25～30℃，夜间17～20℃；4～5片真叶到定植前一周降温，锻炼幼苗，加大通风量。

B. 水分管理　出苗前一般不浇水，出苗后根据床土湿度适当补充水分，不要大量浇灌，防止湿度过大引起沤根。

C. 苗床除草　当幼苗长出2～3片真叶后，苗床杂草很多时进行人工除草。

D. 追肥　苗期发现缺肥现象时，可以结合浇水进行少量施肥，应使用符合NY/T 394要求的肥料，如0.1%～0.2%磷酸二氢钾或0.2%尿素叶面喷肥。

(4)施肥整地

①选择土壤疏松肥沃，保水保肥及排水良好的地块。一般早

熟栽培选择沙壤土，延后栽培选择黑壤土为宜。前茬以葱蒜、秋白菜、大豆、小麦、玉米、高粱茬为宜。西瓜种植一般要进行3～5年的轮作，忌瓜类重茬、迎茬。

②前茬收获后进行深耕、晒垡，耕深30厘米以上，随耕每667米^{2}普施厩肥3～5米^3，之后挖瓜沟集中放入饼肥100～150千克，硫酸钾复合肥30～40千克。瓜沟深40厘米左右、宽50～60厘米。

施肥后平沟起垄畦，高12～15厘米、宽50～60厘米，覆宽70～80厘米的地膜。早熟品种垄距为1.5～1.8米，中晚熟品种垄距1.8～2.0米。

(5)定植　春季露地栽培于日平均气温稳定通过10～13℃开始移栽，秋延后栽培于当地初霜前60～70天定植。

地膜覆盖于当地终霜期后定植，双膜覆盖(小拱棚＋地膜)可比露地提早15天左右。

早熟品种株距40厘米左右，中晚熟品种株距50厘米左右。早熟品种每667米^{2}定植1 100～1 300株，中熟品种800～900株。

(6)田间管理

①查田补栽　移栽后发现田间缺苗，应及时补栽以保证苗全。

②灌水　定植时浇足底水，缓苗期不再浇水，伸蔓期浇一次小水，瓜膨大期浇一次大水。

③追肥　植株伸蔓以后，需肥量增加，应使用符合NY/T 394要求的肥料，如结合中耕667米^{2}施腐熟饼肥30～40千克，尿素5～7千克，或复合生物肥15～20千克。伸蔓后期至坐果前适量追施磷、钾肥。幼瓜膨大时，667米^{2}追施磷酸二铵15～20千克，硫酸钾7～7千克，或复合生物肥15～20千克。还可用0.2％的

磷酸二氢钾进行叶面喷洒。

④整枝打杈　采用双蔓整枝。植株保留主、侧两蔓，选主蔓上的第二个雌花留瓜，在瓜前留 10 片叶掐尖，主蔓和所保留侧蔓上叶腋内萌发的枝芽要及时打掉，坐瓜后及时压蔓。

⑤人工授粉　采用人工辅助授粉，以提高坐瓜率。每天上午 6:00～9:00 时摘下当天开放的雄花，去掉花瓣，将花粉轻涂在雌花柱头上。

⑥选瓜留瓜　在主蔓第二雌花节位留瓜，及时垫瓜、翻瓜，保证瓜型端正和皮色美观。

(7)病虫害防治

①防治原则

第一，坚持“提前预防，综合防治”的植保方针，以农业防治、生物防治、物理防治为主，化学防治为辅的无害化防治原则。

第二，农药的选择和使用应符合 NY/T 393 的要求。

②主要病害防治

A. 西瓜炭疽病　在发病初期及时摘除病叶，667 米^2 喷洒 75%百菌清可湿性粉剂 1 千克，或 2%抗霉菌素（农抗 120）水剂 100 毫克/千克喷雾，或 50%施保功可湿性粉剂 37～75 克防治。上述农药整个生长季节中允许使用 1 次，最后一次使用时间距采收时间须在 7 天以上。

B. 西瓜枯萎病　除采用嫁接换根外，发病前或发病初，用 50%多菌灵可湿性粉剂 500 倍液或 70%甲基托布津可湿性粉剂 800～1 000 倍液灌根。上述农药整个生长季节中允许使用 1 次，最后一次使用时间距采收时间须在 7 天以上。

C. 西瓜烂皮病（细菌性角斑病）　一是选择花皮或果皮颜色较深的品种；二是提早栽培，早熟躲病；三是药剂防治，在果实发病前用100万单位新植霉素粉剂11～15克，或53.8%可杀得干悬浮剂37～45克喷雾防治。上述农药整个生长季节中允许使用1次，最后一次使用时间距采收时间须在7天以上。

③主要虫害防治

A.蝼蛄　用90%的敌百虫30倍液0.15千克，加谷秕5千克制成毒谷。方法是先将谷秕抄半熟，凉后拌药，每667米^{2}用毒谷1.8～2.5千克，随播种施入定植穴内。也可用照明电灯或设置黑光灯捕杀或诱杀成虫。

B.地老虎　以幼虫危害。4龄以下的幼虫，用5千克麦麸炒香，拌入敌百虫热溶液，幼苗期进行诱杀。也可用80%敌敌畏乳油配成0.5%毒土或毒沙撒在被害瓜苗附近。

(8)采收、运输和贮藏

①采收

果实成熟标志：皮色鲜艳，花纹清晰，果面发亮，果要附近茸毛脱落，果顶开始发软，瓜面用手指弹时发出空浊音，现出本品种特有香味时为熟瓜。

产品要求：形态完整，表面清洁，无擦伤，开裂，无农药等污染，无病虫害疤痕。

生长期施过化学合成农药的西瓜，采收前1～2天必须进行农药残留生物检测，合格后及时采收，分级包装上市。

②包装和标志　包装容器整洁、干燥、牢固、美观、无污染、无异味。

包装上标明品名、规格、毛重、净含量、产地、生产者、采摘日期、包装日期。标有醒目的绿色食品标志。

③运输和贮藏　运输器具清洁、卫生、无污染，运输时防雨、防晒，注意通风散热；运输适宜温度4～6℃，空气相对湿度

80%～85%。

贮藏温度 5～7℃，空气相对湿度 70%～80%，库内堆放应气流均匀畅通，贮藏期 2～5 天。

89. 绿色食品甘蓝生产操作规程

(1)建立生产基地

①选择无污染和生态条件良好的地域建立生产基地。生产基地应远离工矿区和公路、铁路干线，避开工业和城市污染的影响。水源条件好，排灌方便，旱涝保收。

②产地空气环境质量、农田灌溉水质质量以及土壤环境质量均应符合 NY/T 391—2000 标准要求。

③土壤肥力应达到 NY/T 391—2000 规定的二级以上标准。

④要选择无软腐病和霜霉病等病菌的土壤。不能选择种植过十字花科蔬菜的地块，更不宜与大白菜连作。

(2)品种选择　选择抗病虫、优质、高产、商品性好、适合目标市场需求的品种。

春甘蓝要特别注重选择冬性强、耐抽薹的早熟品种；夏甘蓝要选择耐热、抗软腐病的品种；秋冬甘蓝选用耐贮藏的中晚熟品种。

早熟品种可选择中甘 16 号、黑丰、中甘 8 号、西园 8 号、华甘 1 号等；中熟品种可选择秦菜 3 号、西安 6 号、中甘 22 号、东方秋丰、巨石红（紫甘蓝）、吉夏、西甘 1 号、秋锦等；晚熟品种可选择晚丰、吉秋、西园 4 号、东农 608、秋抗、秋蓝等。

种子质量要求：品种纯度不低于 96%，品种净度不低于 99%，种子发芽率不低于 95%，含水量不高于 8%。

(3)栽培季节　我国北方春、夏、秋均可露地栽培。东北、西北和华北的高寒地区，多于春夏育苗，夏栽秋收，生长期长，叶球个大,是我国甘蓝的主产区。华北及东北、西北的部分地区,以春、秋两茬栽培为主,亦可进行多茬栽培。

(4)育苗

①育苗设施　根据栽培季节和方式,可在保护设施或露地育苗。春甘蓝采用塑料小棚或塑料大棚育苗。夏秋育苗采用防雨、防虫、遮阴棚育苗。

②营养土 选用近三年未种过十字花科作物的肥沃田土2份与经无害化处理的有机肥1份配合,并按每立方米加 N∶P_2O_5∶K_2O 为15∶15∶15的三元复合肥1千克或相应养分的单质肥料混合均匀待用。将营养土铺入苗床,厚度约10厘米。

③药土配制　用50%多菌灵可湿性粉剂与50%福美双可湿性粉剂按1∶1比例混合,或25%甲霜灵可湿性粉剂与70%代森锰锌可湿性粉剂按9∶1比例混合,按每平方米用药8～10克与4～5千克过筛细土混合,播种时2/3铺于床面,1/3覆盖在种子上。

④播种　根据当地气象条件和品种特性,选择适宜的播期。春甘蓝在晚冬选用大棚育苗,推迟播种期,缩短育苗期,减少低温影响,防止未熟抽薹。根据定植密度和种子的大小,栽培667米^{2}面积甘蓝,育苗用种量40～60克。每平方米播种床播种10～15克。

浇足底水,水渗后覆一层药土,将种子均匀撒播于床面,再撒一层药土,覆土厚0.6～0.8厘米。

⑤苗期管理

分苗:在幼苗3片真叶时要及时分苗重新分栽,株行距为10厘米×10厘米,或移植到营养钵中。

温度管理:播种后温度20～25℃,苗出齐后,白天15～18℃,

夜间10℃。第一片真叶期白天18～20℃，夜间10～15℃。定植前10天逐渐加大苗距，降低温度练苗，至定植前昼夜温度同外温相同。

水分管理：苗出齐后撒一层干土，保持水分，降低空气温度，到分苗前不用浇水。分苗后3～4天浇一次水，5～7天后再浇一次水，定植前6～7天再浇一次水。

(5)定植

整地施肥：田块深松后，起垅做畦。每667米^{2}施2 000千克腐熟农家肥作底肥，整平，耙细。

定植方式与密度：早春露地甘蓝在4月上旬左右定植，连沟1.5米宽的畦上定植3行，按三角形倒排；连沟1.2米宽畦上定植2行，株距30～40厘米，每667米^{2}2 500～3 000株。春季定植后覆盖地膜。

(6)田间管理

①肥水管理　夏秋甘蓝定植后1周沟灌缓苗水，在叶簇旺盛生长和结球形成期，须大量浇水和追肥，在高温久旱时，必须及时灌水，切忌漫灌。

春甘蓝一般不需灌水，在雨水多的时期，应加强排水防渍。早熟品种心叶开始，中熟品种拳头大小时，进入肥水管理的临界期，追肥可结合灌水每667米^{2}施用腐熟人粪尿2 000千克。

②中耕除草　从定植到植株封行前，除2～3次草即可，原则是大雨或灌水后，及时中耕除草，以防土表板结或杂草滋生。

中耕除草同时进行培土。

(7)病虫害防治

①防治原则

第一，坚持“提前预防，综合防治”的植保方针，以农业防治、生物防治、物理防治为主，化学防治为辅的无害化防治原则。

第二，农药的选择和使用应符合 NY/T 393 的要求。

②主要病害防治　甘蓝病害主要为霜霉病。应采取轮作换茬，避免与十字花科蔬菜和菠菜连茬重茬；控制浇水量，减少发病条件；选择抗病性强的品种，如春丰、早丰 55。化学防治每667^2 米可用 50％的多菌灵可湿性粉剂 100 克兑水 50 千克喷雾 1 次进行防治。

③主要虫害防治　甘蓝虫害主要有菜青虫、菜蛾，可采取生物和物理方法进行防治。

物理防治：在田块中每 2 000 米^2（约 30 亩）安装一盏频振杀虫灯，诱杀成虫。

生物防治：每 667 米^2 用 8 000 毫克/千克苏云金杆菌（Bt）100 克，对水 15 千克稀释后喷雾一次防治，防治时间距离产品采收时间不少于 10 天。

（8）收获、运输和贮藏

①绿色甘蓝质量标准　甘蓝感官质量标准应符合表 29 的规定。

表 29　绿色食品甘蓝类蔬菜感官要求

品质	规格	限度
1. 同一品种或相似品种，成熟适度，紧实，色泽正，新鲜、清洁 2. 无腐烂、散花、畸形、开裂、抽薹、异味、灼伤、冷害、冻害、病虫害及机械伤	同规格的样品其整齐应≥90％	每批样品中不符合品质要求的样品按质量计，总不合格率不应超过 5％

注：腐烂、异味和病虫害为主要缺陷。

甘蓝营养指标应符合表30的要求。

表30 绿色食品甘蓝类蔬菜营养指标

项目	指标(毫克/千克)
维生素C/(毫克/100克)	≥40

注:本标准中的指标仅作参考,不作为判定依据。

甘蓝卫生指标应符合表31的要求。

表31 绿色食品甘蓝类蔬菜卫生指标

序号	项目	指标(毫克/千克)
1	砷(以As计)	≤0.2
2	汞(以Hg计)	≤0.01
3	铅(以Pb计)	≤0.1
4	镉(以Cd计)	≤0.05
5	氟(以F计)	≤0.5
6	乙酰甲胺磷(acephate)	≤0.02
7	乐果(dimethoate)	≤1
8	毒死蜱(chlorpyrifos)	≤0.05
9	敌敌畏(dichlorvos)	≤0.1
10	氯氰菊酯(cypermethrin)	≤0.5
11	溴氰菊酯(deltamethrin)	≤0.1
12	氰戊菊酯(fenvalerate)	≤0.02
13	三唑酮(triadimefon)	≤0.2
14	百菌清(chlorothalonil)	≤0.01
15	多菌灵(carbendazim)	≤0.1
16	亚硝酸盐(以 $NaNO_2$ 计)	≤2

注:其他农药参照《农药管理条例》和有关农药残留限量标准。

②收获　采收时应先将无病害叶球采收起来，手脚避免接触病株株体，凡病害植株单独采收。

采收时应保持着装洁净，不从其他植物地块转入，身上无农药气味。

生长期施过化学合成农药的甘蓝，采收前1～2天必须进行农药残留生物检测，合格后及时采收，分级包装上市。

③包装　用于产品包装的容器如塑料箱、纸箱等应按产品的大小规格设计，同一规格应大小一致，整洁、干燥、牢固、透气、无污染、无异味，内壁无尖突物，无虫蛀、腐烂、霉变等，纸箱无受潮、离层现象。包装应符合：NY/T 658的要求。

按产品的品种、规格分别包装，同一件包装内的产品应摆放整齐紧密。

每批产品所用的包装、单位质量应一致。

包装上应明确标明绿色食品标志。

每一包装上应标明产品名称、产品的标准编号、商标、生产单位（或企业）名称、详细地址、产地、规格、净含量和包装日期等，标志上的字迹应清晰、完整、准确。

④运输　原料运输必须是收获季节专用车，严禁与其他物质混运。运输前应进行预冷。运输过程中注意防冻、防雨淋、防晒、通风散热。

⑤贮存　贮存时应按品种、规格分别贮存。贮存的适宜温度为－1～－0.6℃，适宜湿度90％左右。

库内堆码应保证气流均匀流通。

90. 绿色食品菠菜生产操作规程

(1)建立生产基地

①选择无污染和生态条件良好的地域建立生产基地。生产基地应远离工矿区和公路、铁路干线，避开工业和城市污染的影响。

②产地空气环境质量、农田灌溉水质质量以及土壤环境质量均应符合NY/T 391—2000标准要求。

③土壤肥力应达到NY/T 391—2000规定的二级以上标准。以通风良好、孔隙较多、排水通畅的壤土最为适宜。

(2)栽培季节 菠菜在一年之中，除炎夏外，其他时间均可露地栽培，春菠菜2～4月播种，播后30～50天采收。

早秋菠菜7月下旬至9月上旬播种，播后30～40天可分批采收。

越冬菠菜9～10月播种，从11月至翌年4月分批采收。

采用遮阳网降温，也可进行夏季栽培。

(3)整地施肥 每667米^{2}施有机肥3 000～5 000千克，应根据生育期长短和土壤肥力状况调整施肥量。基肥以撒施为主，深翻25～30厘米。

越冬菠菜宜选择保水保肥力强的土壤，并施足有机肥，保证菠菜安全越冬。城市垃圾等不可作为有机肥，有机肥宜采用农家肥，并经过无害化处理。

一般作平畦栽培。

(4)播种

①品种选择 越冬根茬菠菜以苗越冬，第二年春返青生长，因此必须选用耐寒品种，如尖叶菠菜、菠杂10号、菠杂9号等。

保护地栽培应选用耐热、抗病、优质、丰产的品种，如大叶菠菜品种。

种子质量要求：种子纯度≥92％，净度≥97％，发芽率≥70％，水分≤10％。

②种子处理　播种前一天用凉水泡种子12小时左右。搓去黏液，捞出沥干，然后直播，或在15～20℃的条件下进行催芽，3～4天大部分露出胚根后即可播种。

③播种方法及播种量　菠菜栽培大多采用直播法。播种方法以条播为主，也有撒播和穴播。条播行距10～15厘米，开沟深度5～6厘米。一般每667米^{2}保护地栽培播种4～5千克。播前先浇水，播后保持土壤湿润。

(5)田间管理

①冬季和早春栽培管理　前期温度较低，应适当控水，后期气温升高要加大浇水量，保持土壤湿润。3～4片真叶时，间苗采收一次。结合浇水每667米^{2}用尿素7～10千克进行追肥。

②夏季和秋季栽培管理　秋季栽培气温较高，播种后覆盖稻草或麦秸降温保湿。拱土后及时揭开覆盖物，加强浇水管理。浇水应轻浇、勤浇，保持土壤湿润和降低土壤温度；2片真叶时，适当间苗；4～5片真叶时，追肥2～4次，每667米^{2}用专用肥10～15千克。

(6)病虫害防治

①物理防治　设置黄板诱杀蚜虫和潜叶蝇：在设施栽培的条件下，用30厘米×20厘米的黄板，按照每667米^{2}挂30～40块的密度，悬挂高于植株顶部10～15厘米的地方。

田间铺挂银灰膜驱避蚜虫。

②药剂防治　使用药剂防治时，应执行GB 4285和GB/T 8321(所有部分)及NY/T 393绿色食品 农药使用准则。

(7)采收、包装和贮运

①质量标准 感官质量应符合表32的规定。

表32 绿色食品菠菜感官质量要求

品质	规格	限度
1.同一品种或相似品种,成熟适度,色泽正,新鲜、果面清洁 2.无腐烂、畸形、异味、冷害、冻害、病虫害及机械伤	同规格的样品其整齐应≥90%	每批样品中不符合品质要求的样品按质量计,总不合格率不应超过5%

注:腐烂、异味和病虫害为主要缺陷。

营养指标应符合表33的要求。

表33 绿色食品菠菜营养指标

项目	结球甘蓝
维生素C/(毫克/100克)	≥30

注:本标准中的指标仅作参考,不作为判定依据。

卫生指标应符合表34的要求。

表34 绿色食品菠菜卫生指标

序号	项目	指标(毫克/千克)
1	砷(以As计)	≤0.2
2	汞(以Hg计)	≤0.01
3	铅(以Pb计)	≤0.1
4	镉(以Cd计)	≤0.05
5	氟(以F计)	≤0.5

续表 34

序号	项目	指标(毫克/千克)
6	乙酰甲胺磷(acephate)	≤0.02
7	乐果(dimethoate)	≤1
8	毒死蜱(chlorpyrifos)	≤0.05
9	敌敌畏(dichlorvos)	≤0.1
10	氯氰菊酯(cypermethrin)	≤0.2
11	溴氰菊酯(deltamethrin)	≤0.1
12	氰戊菊酯(fenvalerate)	≤0.02
13	百菌清(chlorothalonil)	≤1
14	多菌灵(carbendazim)	≤0.1
15	亚硝酸盐(以 $NaNO_2$ 计)	≤2

注:其他农药参照《农药管理条例》和有关农药残留限量标准。

②采收　采收期随各地区和栽培地块的小区气候条件而不同,一般苗高 15～20 厘米时,开始采收,见有少数花时,要全面采收。

③包装　用于产品包装的容器如塑料箱、纸箱等应按产品的大小规格设计,同一规格应大小一致,整洁、干燥、牢固、透气、无污染、无异味,内壁无尖突物,无虫蛀、腐烂、霉变等,纸箱无受潮、离层现象。包装应符合 NY/T 658 的要求。

按产品的品种、规格分别包装,同一件包装内的产品应摆放整齐紧密。

每批产品所用的包装、单位质量应一致。

包装上应明确标明绿色食品标志。

每一包装上应标明产品名称、产品的标准编号、商标、生产单位(或企业)名称、详细地址、产地、规格、净含量和包装日期等,标志上的字迹应清晰、完整、准确。

④运输 运输前应进行预冷。运输过程中注意防冻、防雨淋、防晒、通风散热。

⑤贮存 贮存时应按品种、规格分别贮存。贮存的适宜温度为 0～2℃,适宜湿度为 90%～95%。

库内堆码应保证气流均匀流通。

91. 绿色食品大白菜生产操作规程

(1)建立生产基地

①选择无污染和生态条件良好的地域建立生产基地。生产基地应远离工矿区和公路、铁路干线,避开工业和城市污染的影响,

②产地空气环境质量、农田灌溉水质质量以及土壤环境质量均应符合 NY/T 391—2000 标准要求。

③土壤肥力应达到 NY/T 391—2000 规定的二级以上标准。

④前茬为非十字花科蔬菜,地势平坦、排灌方便、土壤耕层深厚、土壤结构适宜、理化性状良好,以粉沙壤土、壤土及轻黏土为宜。

⑤种植地块的适宜土壤 pH6.5～7.0,但华北栽培大白菜地区的土壤反应多呈微碱性 pH7.5～8.0,生长情况也表现良好,这是因为经多年栽培,白菜已经适应当地的条件。

(2)品种选择 春茬选择生长期短、耐寒、冬性强的早熟品种,如:北京小杂 60 号、津绿 60、天正橘红 58、潍白 6 号、世纪 50、春秋 50、日本抗病 2 号等。

秋茬选择品质好、产量高、抗性强、净菜率高的中晚熟品种,如:秋玉 78、津绿 75、金冠 2 号、中白 81、石绿 85、秦白 4 号、吉红

82、庆丰、辽白 7 号等。

选用的种子纯度不低于 95%，净度不低于 98%，发芽率为 90%以上，含水量 10%以下。

(3)整地施基肥　整地前施足基肥，每 667 米^2 施充分腐熟的农家肥 7 000 千克，过磷酸钙 50 千克，硫酸钾 20 千克，翻耙整平。春季栽培多用畦作，做成 1.8 米的宽畦；秋大白菜要求垄作，垄高 16～20 厘米，垄距 50～75 厘米。垄畦长 8～10 米，不宜过长。

(4)适期播种

春茬：适期早播，直播的一般在断霜前 20 天左右播种，要覆盖地膜。用小棚育苗移栽的播期可提前 15 天左右。

秋茬：根据所选品种的生育期确定播种期，北方地区一般在 10 月末，11 月初收获大白菜，播种期在 7 月中旬到 8 月上旬。

(5)合理密植

①春茬　具体密度因品种而异，一般每 667 米^{2}3 100～3 500 株。

②秋茬　直筒型及早熟卵圆形和平头形品种：行距 55～60 厘米、株距 40～55 厘米。中晚熟卵圆形和平头形品种：行距 65～80 厘米、株距 50～65 厘米。

(6)田间管理

①春茬　科学灌水施肥，生长前期气温低，地温也低，苗小吸收量也小，应减少灌水次数，保持土壤湿润即可。生长中后期(莲座期)，气温升高，生长量大，需要肥水量也大，此时要加大灌水量并开始追肥。莲座期和结球期各追肥一次，第一次每 667 米^2 施尿素 15 千克，磷酸二氢钾 8 千克。第二次每 667 米^2 施腐熟的饼肥和草木灰各 100 千克。在收获前一周要停止灌水，防止裂球，提高白菜的商品性。

②秋茬

A. 苗期管理：苗期及时浇水，保持地面湿润，雨后及时排涝，中耕松土，第一次要浅锄，深3厘米左右，以划破土面，达到疏松表土和铲除杂草的目的。定苗后第二次中耕，深度5～6厘米，促使根系向深处生长。在莲座期前再浅锄一次，以后不再中耕。每次除草后都要趟地培垄。

2～3片真叶时，对生长偏弱的小苗施偏心肥。子叶期第一次间苗，拔除出苗过迟，子叶不正常，生长弱小和拥挤的幼苗，每穴留苗3～4株；3～4片真叶时第二次间苗，选留生长健壮，叶柄短而宽，有明显叶翅的幼苗，淘汰弱小的苗和杂苗，每穴留苗2～3株。团棵时定苗。间苗时发现有缺苗的，要及时挖挪大苗进行补苗。

B. 莲座期管理：封垄后停止中耕，此期生长速度较快，生长量逐渐加大，对养分和水分的吸收量也增多。定苗后追施一次“发棵肥”，每667米^{2}施粪肥1 000～1 500千克，或尿素10～15千克，草木灰100千克，随即浇水。以后保持土壤见干见湿，莲座后期适度控水“蹲苗”。

C. 结球期管理：此期生长量最大，需要大量的肥水。“蹲苗”结束后开始浇水，水量不宜过大，以后要保持土壤湿润，在收获前一周不再浇水，提高耐贮性，防止裂球。包心前5～6天追“结球肥”，每667米^{2}施用硫酸铵10～15千克，磷酸二氢钾5～8千克。包心后15～20天追“灌心肥”，随水冲施充分腐熟的豆腐渣500千克，硫酸钾8千克。贮藏用大白菜在收获前10天束叶，将外叶扶起，用浸软的马莲或草绳将叶球捆住，以保护叶球免受冻害，也可使叶球外层的叶子色淡质嫩，还可以减少收获时叶片的损伤。

(7)主要病虫害防治

①防治原则

第一,坚持“提前预防,综合防治”的植保方针,以农业防治、生物防治、物理防治为主,化学防治为辅的无害化防治原则。

第二,农药的选择和使用应符合 NY/T 393 的要求。

②主要病害防治

A.软腐病、黑腐病　要及时拔除田间病株并带出田外深埋,并对病穴撒石灰消毒。然后及时用药防治,可用药剂有硫酸链霉素、农用链霉素和新植霉素,上述农药整个生长季节中允许使用1次,最后一次使用时间距采收时间需在7天以上。

B.霜霉病、白粉病　在初发病时可选用75%百菌清可湿性粉剂;或72.2%普力克水剂600～1 000倍液喷雾防治。上述农药整个生长季节中允许使用1次,最后一次使用时间距采收时间须在7天以上。

C.病毒病　发病时用20%病毒A可湿性粉剂500倍液或1.5%植病灵乳剂1 000倍液喷雾防治,上述农药整个生长季节中允许使用1次,最后一次使用时间距采收时间需在7天以上。

③主要虫害防治　防治蚜虫用10%吡虫啉可湿性粉剂3 000倍液或3%啶虫脒乳油5 000倍液喷雾防治,注意往叶背面喷药。上述农药整个生长季节中允许使用1次,最后一次使用时间距采收时间须在10天以上。

对地下害虫的防治在田间放置糖醋液盆(按糖∶醋:水=1∶1∶2.5的比例配制,内加少量锯末和敌百虫)诱捕成虫,当诱捕到的雌雄成虫数量大约相近时,开始喷药,大白菜帮基部及周围地面是重点喷药区,用48%乐斯本乳油1 500倍液喷雾防治。还可用毒饵防治,667米^{2}用茚虫威75～100毫升对水3～4千克喷拌麦糠或切碎的鲜草(菜)15～20 千克。也可 667 米^2 用茚虫威 75～100 毫升,对水 0.5～1 千克喷拌炒香的麦麸或豆饼、棉籽饼 2.5～3 千克,将制好的毒饵于傍晚撒施于菜田。

防治虫害用药要注意不宜与碱性物质混用,以免分解。对钻蛀性和潜叶性害虫宜在卵孵期使用。

(8)收获

①产品质量标准

感官质量应符合表 35 中的规定。

表 35 绿色食品大白菜感官质量标准

品 质	规 格	限 度
1. 同一品种、色泽正常、新鲜、清洁 2. 无腐烂、烧心、异味、冻害、病虫害及机械伤	规格用整齐度表示。同规格的样品其整齐度应≥85%	每批样品中不符合品质要求的按质量计,总不合格率不得超过 5%

注:腐烂、异味和病虫害为主要缺陷。

营养指标应符合表 36 的要求。

表 36 绿色食品大白菜的营养指标

项 目	指 标
维生素 C/(毫克/100 克)	≥20
总糖/(%)	≥2.0
粗纤维/(%)	≤1.0

卫生指标应符合表 37 中的规定。

表 37　绿色食品大白菜的卫生指标

序号	项目	指标(毫克/千克)
1	砷(以 As 计)	≤0.2
2	汞(以 Hg 计)	≤0.01
3	铅(以 Pb 计)	≤0.1
4	镉(以 Cd 计)	≤0.05
5	氟(以 F 计)	≤0.5
6	乙酰甲胺磷(acephate)	≤0.02
7	乐果(dimethoate)	≤0.5
8	杀螟硫磷(fenitrothion)	≤0.2
9	敌敌畏(dichlorvos)	≤0.1
10	马拉硫磷(malathion)	不得检出
11	毒死蜱(chlorpyrifos)	≤0.05
12	敌百虫(trichlorfon)	≤0.1
13	喹硫磷(quinalphos)	≤0.1
14	氯氰菊酯(cypermethrin)	≤0.1
15	溴氰菊酯(deltamethrin)	≤0.5

②采收、包装与贮运

A. 采收

春茬：根据市场需求，不必等到叶球充分长成后才收获，一般五、六成时即可收获上市。若不急于腾茬，可间拔收菜，以提高产量。

秋茬：秋菜随时上市的中早熟品种，可随时收获。用于冬贮的晚熟品种，应在低于－2℃的寒流侵袭之前收获。

B.包装 用于产品包装的容器如塑料箱、纸箱等须按产品的大小规格设计,同一规格应大小一致,整洁、干燥、牢固、透气、美观、无污染、无异味,内壁无尖突物,无虫蛀、腐烂、霉变等,纸箱无受潮、离层现象。塑料箱应符合 GB/T 8868 的要求。

按产品的规格分别包装,同一包装内的产品需摆放整齐紧密。每批产品所用的包装、单位净含量应一致。

包装上应明确标出绿色食品标志。

每一包装上应标明产品名称、产品的标准编号、商标、生产单位名称、详细地址、产地、规格、净含量和包装日期等,标志上的字迹应清晰、完整、准确。

C.运输 运输前应进行预冷,运输过程中要保持适当的温度和湿度,注意防冻、防雨淋、防晒、通风散热。

D.贮存 贮存时应按品种、规格分别贮存。贮存温度:0～1℃,空气相对湿度应保持在90%～95%。库内堆码时应保证气流均匀流通。

92. 绿色食品平菇生产操作规程

(1)建立生产基地

①选择无污染和生态条件良好的地域建立生产基地。生产基地应远离工矿区和公路、铁路干线,避开工业和城市污染的影响。

②产地空气环境质量、农田灌溉水质质量以及土壤环境质量均应符合 NY/T 391—2000 标准要求。

(2)原料使用条件 平菇生产使用的原料应符合 NY/T 393、NY/T 394 的要求,在原料中不应检出违禁物质和残留超标。

(3)平菇生产工艺流程

平菇生产采用发酵料栽培,生产工艺流程如下:

发酵料的配制→建堆发酵→装袋→接种→培养→出菇管理→采收

(4)发酵料配制 可选择下列配方：

①玉米芯 80%、豆秸粉 10%、麦麸 10%、石灰 2%；

②木屑 50%、玉米芯 47.4%、石膏 2%、过磷酸钙 1%、尿素 0.1%。

(5)建堆发酵 每组培养料在 300 千克以上，按配方拌好，调含水量在 65%左右，堆积在水泥地面或铺有塑料膜的地上，堆高 1～1.5 米，堆宽 1 米。用温度计插入料堆内 40 厘米处测料温。当料温上升到 60～65℃时，保持 12～24 小时，立即打开翻堆，下倒上，里倒外，再堆积发酵，达到上述温度后，再翻两次料堆，发酵完毕。发酵料 pH 为中性或微碱性，料为茶褐色，无异味并具有一种发酵香味。

(6)装袋、播种 采用 24 厘米宽聚乙烯或聚丙烯筒料装袋，将筒料裁成 50～55 厘米长，一端扎紧。

当培养料发酵完毕，料温降至 30℃以下时即可进行装袋、接种。先将菇袋底部放一层菌种，厚约 2 厘米，然后放 8～10 厘米发酵料，再叠加一层菌种装一层发酵料，最后用菌种封住，扎口。

(7)培养 培养温度控制在 20～24℃，空气相对湿度 65%～70%，通风避光。为使菌丝生长旺盛，加大通气，可在菌袋菌种层扎眼通气。

(8)出菇管理

①墙式脱袋立体栽培法 当菌丝全部长满菌袋后，将菌袋全部脱去，卧放，堆至高度 1 米，外部及两侧菌袋之间的缝隙用普通泥土抹平。浇水保湿，空气相对湿度在 85%～95%，温度控制在 18～22℃。加强通风，增加菇棚内的散射光。待菇蕾长大后方可

直接向菇体喷水。

②墙式不脱袋立体栽培法　将长满菌丝的菌袋直接卧放，堆至高度约1米，将菌袋两侧扎口打开，褪至料面处，露出料面，控制温度在18～22℃，空气相对湿度85%～95%，加强通风，增强散射光。

(9)病虫害防治　病虫害防治应因病施制，用药品种及用量应符合NY/T 393的要求。

(10)采收

①平菇质量标准：食用菌感官标准见表38。

表38　食用菌感官要求

项目	要求	
	干	鲜
形状	菇形正常、规整	菇形正常、规整、饱满
破损菇	≤10%（野生食用菌的破损菇≤15%）	≤5%（野生食用菌的破损菇≤10%）
松紧度	—	较实、有弹性
颜色	有正常食用菌的固有颜色	
大小	均匀一致	
气味	有正常食用菌特有的香味，无酸、臭、霉等异味	
虫蛀菇	无（野生食用菌的虫蛀菇≤1%）	
霉烂菇	无	
一般杂质	无（野生食用菌的杂质≤1%）	
有害杂质	无	

理化及卫生指标应符合表39规定。

表39 食用菌理化及卫生指标

项目	要求	
	干	鲜
含水量/(%)	≤13	≤90
砷(以As计)/(毫克/千克)	≤0.5	≤0.2
汞(以Hg计)/(毫克/千克)	≤0.1	≤0.03
铅(以Pb计)/(毫克/千克)	≤1.0	≤0.3
镉(以Cd计)/(毫克/千克)	≤1.0	≤0.2
亚硫酸盐(以SO_2计)/(毫克/千克)	≤50	
六六六(HCH,BHC)/(毫克/千克)	≤0.1	
滴滴涕/(毫克/千克)	≤0.05	
氯氰菊酯(cypermethrin)/(毫克/千克)	≤0.05	
溴氰菊酯(deltamethrin)/(毫克/千克)	≤0.01	
敌敌畏(dichlorvos)/(毫克/千克)	≤0.1	
百菌清(chlorothalonil)/(毫克/千克)	≤1.0	
多菌灵(carbendazim)/(毫克/千克)	≤1.0	

②采收 平菇伞盖欲开又未开伞，直径10厘米左右即可采收。

平菇采收后，先处理料面，将菇根、残菇及死菇、烂菇去净，室内停水1～2天，相对湿度达80%，温度20～24℃，以利菌丝恢复，按前述方法管理，可采3～4潮菇。

③包装 用于产品包装的容器如箱、筐等应按产品的大小规格设计，同一规格应大小一致，牢固、整洁、干燥、牢固、透气、无污

染、无异味，内壁无尖突物，无虫蛀、腐烂、霉变等，纸箱无受潮、离层现象。塑料箱应符合：NY/T 658 的要求。

按产品的品种、规格分别包装，同一件包装内的产品应摆放整齐紧密。

每批产品所用的包装、单位质量应一致，每件包装净含量不应超过 10 千克。

包装上应明确标明绿色食品标志。

包装上标签应符合 GB 7718

④运输　运输时轻装、轻卸，避免机械损伤。运输工具要清洁、卫生，无污染物、无杂物。防雨淋、防日晒、不可裸露运输。不得与有毒有害物品、鲜活动物混装混运。鲜食用菌应在 4～10℃条件下运输。

⑤贮存　鲜品贮存时，菇体间不应挤压，要松散包装，确保透气性良好，严防菌丝萌生和菇体腐烂。贮藏温度 1～4℃。干品贮存时应在避光、阴凉、清洁、干燥、无异味处贮存，注意防霉、防虫、防鼠。

93. 绿色食品韭菜生产操作规程

(1)建立生产基地

①选择无污染和生态条件良好的地域建立生产基地。生产基地应远离工矿区和公路、铁路干线，避开工业和城市污染的影响。

②产地周围没有大气污染源，没有有害气体排放，大气质量稳定，符合绿色食品大气环境质量标准。

③生产用水质量有保证，生产地的地表水、地下水质清洁无污染，生产用水质量符合绿色食品水质环境质量标准。

④生产地的土壤周围没有金属或非金属矿山，没有农药残留

污染;地块地势高,平坦,耕层深厚,水肥保持力强。土壤质量符合绿色食品土壤质量标准。

⑤土壤肥力应达到NY/T 391—2000规定的二级以上标准。

前茬为非葱、韭、蒜类蔬菜,以豆科、禾本科、薯类作物为宜。

(2)品种选择　不同品种对气候的适应性不同,应选择在当地气候条件下适应性最强、产量最高、品质最优、消费者最欢迎的品种。其次要注意品种的季节性,由于韭菜在不同季节中有多种栽培方式,并要求有适宜的品种。如露地丰产栽培,宜选叶片肥大宽厚的品种;冬季保护地栽培宜选耐寒的品种,夏季覆盖栽培宜选耐高温、高湿及抗病的品种;软化栽培宜选植株粗壮、恢复生长快的品种。

要选用当年的新种子播种。选用的种子纯度不低于99%,净度不低于98%,发芽率为90%以上,含水量10%以下。

(3)育苗

适期播种:北方以春播为宜。

各地播期确定的原则:尽量将发芽期和幼苗期安排在月均温为15～18℃的月份里,并有60～80天的适宜生长时间。

苗床制作:苗床宜选在排灌方便的高燥地块。整地前每667米^{2}施入充分腐熟农家肥3～4米^3、磷酸二铵50千克,深翻细耙后做畦。北方多做成平畦,宽1.3～1.5米。

种子处理:春季采用干籽播种,其他季节催芽后播种。

浸种催芽方法:用20～25℃的温水浸泡20～24小时,除去秕籽和杂质,淘洗干净后用湿布包好,放在16～20℃的条件下催芽,每天用清水冲洗1～2次,待60%左右种子露白时播种。

播种:一般每667米^{2}苗床播种5～7.5千克,可供5 000～7 500米^{2}大田栽植。秋季多采用干播,春季则宜湿播。条播行距

10～12 厘米，开 1.5～2 厘米的浅沟，播后整平畦面，覆盖种子，稍加镇压即可。

苗期管理：苗期轻浇、勤浇水，以促进发根和幼苗生长，后期适当控制浇水，防止幼苗过细引起倒伏烂秧。结合浇水，追肥 2～3 次，每次每 667 米^2 追施腐熟人粪尿 1 000 千克或尿素 8～10 千克。

(4)定植　春播于立秋前后定植，秋播于翌春谷雨前定植。

施肥整地：667 米^2 施优质粗肥 5 000 千克，腐熟饼肥 100～150 千克，磷酸二铵 15～20 千克，硫酸锌 2～3 千克，硫酸亚铁 3～4 千克，施后深翻 2 次。为了防治地下害虫，每 667 米^2 用 0.3%苦参素植物杀虫剂 0.75～1 千克，拌成 1∶15 的药土，与农家肥混合撒施，翻入地内。

做 1.5 米宽的畦，平好待播。北方多采用平畦定植，畦宽 1.3～1.5 米，长 8～10 米，畦埂高 12～15 厘米。

宽叶韭一般按行距 30～40 厘米开沟，沟深 10～15 厘米，穴距 17～20 厘米，每穴 20～30 株，相邻的两行要错开穴栽。

青韭生产一般按行距 15～20 厘米，穴距 10～15 厘米栽苗，每穴 6～8 株。对单株发育要求较高、以个体充分发育来获取产量和质量的品种，可采取单株栽，一般行距 30 厘米左右，株距 1.5～2 厘米。

栽植深度以叶鞘露出地面 2～3 厘米为宜，过深则减少分蘖，过浅易散撮。

(5)田间管理

①定植当年的管理　定植当年以养根壮棵为主，一般不收割。定植后连浇 2～3 次水，促缓苗。缓苗后中耕松土，雨季注意排水防涝。入秋后气候凉爽，5～7 天浇一次水，保持地面湿润，每 10～

15 天追一次肥，每次每 667 米^2 冲施腐熟人粪尿 1 000～1 500 千克。寒露以后控制浇水，促进叶部营养物质向鳞茎和根系运输贮存，防止贪青。

北方地区入冬以后，根系活动基本停止，叶片经过几次霜冻后枯黄凋萎，被迫进入休眠。土壤封冻前浇足稀粪水。

②第二年及以后的管理

A. 春季管理：返青前清除地面枯叶杂草，并进行中耕培土。每年培土 1～2 次，培土厚度为 2～3 厘米。

早春温度低，浇水不宜过早，浇水时间和浇水量的大小应根据天气和土壤墒情而定。返青后结合浇水追一次粪稀水，之后加强中耕，增加土壤通透性，提高地温。韭菜需刀刀追肥，每次收割后，待伤口愈合，新叶长出 2～3 厘米时，结合浇水每 667 米^2 冲施腐熟人粪尿 1 500～2 000 千克。

多年生韭菜每年春季植株长到 3～5 厘米时，要将韭丛周围的土掘深、宽各 6 厘米，再用竹片将每株间的土剔掉露出韭根，剔除枯株、杂草和韭蛆，淘汰细弱分蘖，晾晒一天后，再将植株拢在一起，可防止植株倒伏，改善通风透光。另外，韭菜因跳根习性还需每年覆土，保护根系，防止露根，每次覆土厚度约 2 厘米。

B. 夏季管理：夏季高温多雨，韭菜生长势减弱而呈现“歇伏”现象，一般不收割，管理上应控水养根，及时清除杂草，并注意排水防涝，防止倒伏烂秧，花苔抽生后应及时采摘，减少养分消耗。

C. 秋季管理：入秋后气候凉爽，韭菜生长旺盛，应加强肥水供应。一般每 7～10 天浇一次水，经常保持地面湿润，结合浇水追 2～3 次肥。10 月下旬以后停止浇水施肥，促使叶部营养向根茎转移，为翌春韭菜健壮生长奠定物质基础。

土壤封冻前浇足封冻水。

③大棚韭菜管理要点　当旬平均温度降至0～1℃开始扣棚。扣棚前，韭菜回根后，清除枯枝残叶。

扣棚后，以增温为主，小雪至冬至期间，草苫应晚揭早盖，不放风。在冬至到大寒节，气温降至－10℃左右时，应在大棚内及时加盖小拱棚，或加双草苫覆盖。立春以后早揭晚盖，大放风，晴天延长放风时间，上午棚温20℃时通风，下午18℃时关闭风口，放风要顺风放，不要放逆风或扫地风，气温稳定在0℃以上时，不再加盖草苫，旬平均气温12℃以上时去掉棚膜。

(6)主要病虫害防治

①防治原则

第一，坚持“提前预防，综合防治”的植保方针，以农业防治、生物防治、物理防治为主，化学防治为辅的无害化防治原则。

第二，农药的选择和使用应符合NY/T 393的要求。

②主要病害防治

A.灰霉病：以生态防治为主，整地要细要平，防止田间积水，注意及时清除韭田内的残枝落叶，集中销毁，减少病源。降低棚内相对湿度到85%以下。头刀韭菜生长期间温度不超过23℃。第二刀韭菜生长期间不超过25℃，创造不利于灰霉病发生的温湿度条件。

韭菜生长期间，发生灰霉病可用15%腐霉利烟剂有效成分20～30克熏蒸防治一次。

B.疫病：进行轮作、倒茬，与非葱、蒜、韭类作物轮作。加强管理，整地要细要平，控制浇水量和浇水次数，忌田间积水，清除枯叶、病叶，消灭病源。拱棚韭菜在扣棚前浇足水的前提下，第一茬不浇水，第二茬视墒情在割前5～7天浇水，第三茬视墒情在长到10厘米左右时和割前5～7天各浇一次水，浇水在晴天上午，浇后放大风，降低湿度。

发病初期，每 667 米^2 可用 69%安克·锰锌可湿性粉剂药液 30～50 千克(有效成分 92～115 克)防治一次。

③主要虫害防治

A. 韭蛆：要施用充分腐熟的有机肥，消灭虫源。除净所有枯枝落叶及杂草，沿宽行和簇间深锄松土，晒根晾土，经 7～10 天可把幼虫晒死。移栽韭菜时严格清除带虫根茎。生长期间，用糖、醋、酒诱杀液诱杀成虫(葱蝇)，配比法：糖 3 份，醋 3 份，酒 1 份，水 10 份，90%晶体敌百虫原粉 0.5 份。先将糖用热水化开，再加其他成分，5 月上旬在韭蛆盛发期将诱杀液放入韭田内，每 667 米^2 放 10 个点，5～7 天更换一次诱杀液。

B. 地下害虫：结合防治地下害虫，除治韭蛆。每年 4～5 月和 8～9 月是虫害发生盛期，春季用 1.1%苦参碱水剂有效成分 22～24 克/667 米^2 加水后灌根一次；秋季用 20%韭保净乳油有效成分 100～150 克/667 米^2 加水灌根防治一次。

(7)采收

①韭菜质量标准　韭菜感官质量标准见表 40。

表 40　绿色食品韭菜感官质量要求

品质	规格	限度
1. 同一品种或相似品种，成熟适度，色泽正，新鲜、果面清洁 2. 无腐烂、畸形、异味、发芽、抽薹、散瓣、冷害、冻害、病虫害及机械伤	同规格的样品其整齐应≥90%	每批样品中不符合品质要求的样品按质量计，总不合格率不应超过 5%

注：腐烂、异味和病虫害为主要缺陷。

营养指标应符合表 41 的要求。

表 41 绿色食品韭菜营养指标

项目	指标
维生素 C(毫克/100 克)	≥20

注:本标准中的指标仅作参考,不作为判定依据。

韭菜卫生指标应符合表 42 的要求。

表 42 绿色食品韭菜卫生指标

序号	项目	指标(毫克/千克)
1	砷(以 As 计)	≤0.2
2	汞(以 Hg 计)	≤0.01
3	铅(以 Pb 计)	≤0.1
4	镉(以 Cd 计)	≤0.05
5	氟(以 F 计)	≤0.5
6	乙酰甲胺磷(acephate)	≤0.02
7	乐果(dimethoate)	≤1
8	毒死蜱(chlorpyrifos)	≤0.05
9	敌敌畏(dichlorvos)	≤0.1
10	氯氰菊酯(cypermethrin)	≤0.2
11	溴氰菊酯(deltamethrin)	≤0.1
12	氰戊菊酯(fenvalerate)	≤0.02
13	百菌清(chlorothalonil)	≤1
14	多菌灵(carbendazim)	≤0.1
15	亚硝酸盐(以 $NaNO_2$ 计)	≤2

注:其他农药参照《农药管理条例》和有关农药残留限量标准。

②采收　生长期施过化学合成农药的韭菜，必须在采收前10～15天停止用药，采收前1～2天对农药残留进行生物检测，合格后及时采收，分级包装上市。

(8)包装、储运

①包装　用于产品包装的容器如塑料箱、纸箱等应按产品的大小规格设计，同一规格应大小一致，整洁、干燥、牢固、透气、无污染、无异味，内壁无尖突物，无虫蛀、腐烂、霉变等，纸箱无受潮、离层现象。包装应符合：NY/T 658的要求。

按产品的品种、规格分别包装，同一件包装内的产品应摆放整齐紧密。

每批产品所用的包装、单位质量应一致。

包装上应明确标明绿色食品标志。

每一包装上应标明产品名称、产品的标准编号、商标、生产单位(或企业)名称、详细地址、产地、规格、净含量和包装日期等，标志上的字迹应清晰、完整、准确。

运输：运输前应进行预冷。运输过程中注意防冻、防雨淋、防晒、通风散热。

②贮存　贮存时应按品种、规格分别贮存。贮存的适宜温度为0℃，适宜湿度为85%～90%。库内堆码应保证气流均匀流通、不挤压。

94. 绿色食品菜豆生产技术规程

(1)建立生产基地

①选择无污染和生态条件良好的地域建立生产基地。生产基地应远离工矿区和公路、铁路干线，避开工业和城市污染的影响。

②产地空气环境质量、农田灌溉水质质量以及土壤环境质量

均应符合 NY/T 391—2000 标准要求。

③土壤肥力应达到 NY/T 391—2000 规定的二级以上标准。

④要选择土层深厚、排灌方便、肥沃疏松的沙壤土或壤土。

⑤种植地块的适宜土壤 pH5.5～6.5。

⑥忌与同科作物连作。

(2)选择品种 春季蔓生菜豆宜选用生长势强，丰产优质的中、晚熟品种，如：蔓生菜豆宜选用丰收一号、青岛架豆、春丰四号、双丰一号、双季豆等；矮生菜豆可选择供给者、嫩荚等。

露地秋菜豆应选用耐热、抗病、适应性强对日照反应不敏感或短日型的中、早熟丰产品种，如：秋抗 6 号、秋抗 19 号、冀芸 2 号、双季豆和白架豆等。

选用的种子纯度不低于 97%，净度不低于 98%，发芽率为 95%以上，含水量 12%以下。

(3)整地作畦 春菜豆前茬为冬闲地或越冬绿叶菜；秋菜豆前茬为小麦、大蒜、春甘蓝、春黄瓜和西葫芦等，后茬为冬闲地或越冬菠菜。前茬拉秧后要及早清理田园，翻地晒土数日，以改善土壤结构和提高地温。

每 667 米^2 施腐熟农家肥 3 000～5 000 千克，过磷酸钙 15～20 千克，草木灰 100 千克或硫酸钾 15～20 千克作基肥。

北方以平畦为主，畦宽一般 1.2～1.4 米。东北以垄作为主。南方地区多作高畦栽培，畦宽 1.3～1.5 米、沟宽 30 厘米，沟深 15～20 厘米，做到排灌通畅。

(4)适期播种

种子处理：精选种子，除去有病斑、虫蛀、损伤的种子及菌核等杂质，晒种 1～2 天。

春菜豆应在当地断霜前 7～10 天，10 厘米地温稳定在 10℃以上时进行。采用沟播或穴播。蔓生菜豆行穴距(60～70)厘米×(20～25)厘米,每穴播籽 3～4 粒;用种量一般为每 667 米^2 3～4 千克。矮生菜豆可比蔓生菜豆早播 3～5 天,行穴距为(33～45)厘米×(18～25)厘米,每穴播籽 4～6 粒。

秋菜豆:露地宜在当地霜前 90～100 天播种,北方大多数地区从 6 月下旬到 7 月中旬播,保证霜前有一定的生长期形成产量;同一地区矮生菜豆可晚播 12～15 天。秋菜豆生长后期,温度渐低,侧枝发育差,应适当密植,穴距可缩到 20 厘米,每穴播 4～6 粒。

每 667 米^2 栽培面积的用种量:蔓生种用种 2.5～3 千克,矮生种 4～5 千克。

(5)田间管理

①间苗、补苗　一般矮生种每穴 2 株,蔓生种每穴 2～3 株。幼苗出土后,要及时查苗补缺,促进苗全。补苗的方法分为补种和补苗,其中补种以浸种催芽播种为宜。如苗过多或过密,宜及时间苗,淘汰病苗、弱苗和杂苗,促进苗壮。

②中耕除草　未覆盖地膜栽培时,应于苗期雨后或追肥前及时中耕锄草 1～2 次。

③追肥灌溉　根据蔓生种需肥量大,矮生种需肥量小的特点及植株生长发育状况,按照前期低浓度、后期较高浓度的原则,于复叶出现、抽蔓插架、开花结荚盛期及后期,追施 2～4 次经无害化处理的有机肥,或充分腐熟的人粪尿 1 000～1 500 千克。

开花前控制水分,结荚后充足供水,盛荚以后避免缺水。雨季注意排水防渍。

④插架引蔓　蔓生种抽蔓后,及时插人字架引蔓。

(6)主要病虫害防治

①防治原则

第一，坚持“提前预防，综合防治”的植保方针，以农业防治、生物防治、物理防治为主，化学防治为辅的无害化防治原则。

第二，农药的选择和使用应符合 NY/T 393 的要求。

②主要病害防治

A. 锈病：选用抗病品种。抗锈病的有九粒白、新秀 1 号、连农特长 9 号、连农无筋 2 号、紫秋豆（兼抗枯萎病）、秋抗 6 号（兼抗病毒病）等；实行起垄栽培，保护地注意控制温湿度，降温散湿，减少叶面结露时间；露地注意排水，防止积水；及时摘除病虫叶片，发现病株立即拔除，田外销毁；发病初期，喷洒 40%福星乳油 2 000 倍液，或 25%粉锈宁可湿性粉剂 1 000 倍液交替防治一次，最后一次喷药时间距离采收期不少于 7 天。

B. 炭疽病：选用抗病品种，抗炭疽病的有芸丰架豆、哈菜豆 1 号、甘芸 1 号、江户川矮生菜豆、早熟 14 号、大白架等；实行起垄栽培，保护地注意控制温湿度，降温散湿，减少叶面结露时间；露地注意排水，防止积水；及时摘除病虫叶片，发现病株立即拔除，田外销毁；发病初期可用 80%炭疽福美可湿性粉剂 400～500 倍液，或 75%百菌清可湿性粉剂 600 倍液交替喷雾防治一次，最后一次喷药时间距离采收期不少于 7 天。

③主要虫害防治　主要害虫有蚜虫、潜叶蝇、红蜘蛛、豆荚螟。

移苗前喷药，可选用绿灵 0.3%苦参素植物杀虫剂 1 000 倍液预防蚜虫，蚜虫发生初期用 500 倍液控制其为害，并可兼治红蜘蛛。苦参素植物杀虫剂在整个生长季节中允许使用 1 次，最后一次使用时间距采收时间须在 10 天以上。

防治豆荚螟在豆田架设黑光灯，诱杀成虫；苗期及开花期灌水，提高土壤湿度，杀死土中幼虫和蛹。在豆角开花结荚期间，每 10～15 天叶面喷洒一次 25～30 倍干燥纯净的草木灰浸出澄清液,或10～15倍大蒜浸出澄清液预防。

(7)采收

①产品质量标准　菜豆感官质量应符合表43的规定。

表43　绿色食品菜豆蔬菜感官要求

品质	规格	限度
1.同一品种或相似品种,粗细均匀,成熟适度,色泽正,荚鲜嫩、清洁 2.无腐烂、畸形、异味、冷害、冻害、病虫害及机械伤	同规格的样品其整齐应≥90%	每批样品中不符合品质要求的样品按质量计,总不合格率不应超过5%

注:腐烂、异味和病虫害为主要缺陷。

菜豆营养指标应符合表44的要求。

表44　绿色食品菜豆蔬菜营养指标

项目	指标
维生素C(毫克/100克)	≥5
蛋白质(%)	≥1.6

注:本标准中的指标仅作参考,不作为判定依据。

菜豆卫生指标应符合表45的要求。

表45　绿色食品菜豆卫生指标

序号	项目	指标(毫克/100克)
1	砷(以As计)	≤0.2
2	汞(以Hg计)	≤0.01
3	铅(以Pb计)	≤0.1

续表 45

序号	项 目	指标(毫克/100 克)
4	镉(以 Cd 计)	≤0.05
5	氟(以 F 计)	≤0.5
6	乙酰甲胺磷(acephate)	≤0.02
7	乐果(dimethoate)	≤1
8	毒死蜱(chlorpyrifos)	≤0.05
9	杀螟硫磷(fenitrothion)	≤0.5
10	氯氰菊酯(cypermethrin)	≤0.05
11	溴氰菊酯(deltamethrin)	≤0.05
12	氰戊菊酯(fenvalerate)	≤0.02
13	三唑酮(triadimefon)	≤0.2
14	百菌清(chlorothalonil)	≤0.01
15	多菌灵(carbendazim)	≤0.1

注:其他农药参照《农药管理条例》和有关农药残留限量标准。

②采收　嫩荚食用者,花谢后 10 天采收;脱水和罐藏用者,花谢后 5～7 天,达到加工质量标准,立即采收。采收后放在阴凉处,保持豆荚新鲜,且产品质量符合 NY/T748—2003 的要求。采收后应按豆荚的成熟度、色泽、品质进行分级,分别包装。

(8)包装、运输和贮存

菜豆收获后及时包装、运输。

①包装　用于产品包装的容器如塑料箱、纸箱等应按产品的大小规格设计,同一规格应大小一致,整洁、干燥、牢固、透气、无污染、无异味,内壁无尖突物,无虫蛀、腐烂、霉变等,纸箱无受潮、离

层现象。包装应符合:NY/T 658 的要求。

按产品的品种、规格分别包装,同一件包装内的产品应摆放整齐紧密。

每批菜豆的包装规格、单位、净含量应一致。包装上的标志和标签应标明产品名称、生产者、产地、净含量和采收日期等,字迹应清晰、完整、准确。

包装上应明确标明绿色食品标志。

每一包装上应标明产品名称、产品的标准编号、商标、生产单位(或企业)名称、详细地址、产地、规格、净含量和包装日期等,标志上的字迹应清晰、完整、准确。

②运输　运输时要轻装、轻卸,严防机械损伤。运输工具要清洁卫生、无污染、无杂物。短途运输要严防日晒、雨淋。

③贮存　临时贮存应保证有阴凉、通风、清洁、卫生的条件。防止日晒、雨淋、冻害以及有毒、有害物质的污染,堆码整齐。

短期贮存应按品种、规格分别堆码,要保证有足够的散热间距,温度以 3～5℃、相对湿度以 90%为宜。贮存时应按品种、规格分别贮存。贮存的适宜温度为 3～5℃,适宜湿度 90%左右。库内堆码应保证气流均匀流通、不挤压。

95. 绿色食品芹菜生产技术规程?

(1)建立生产基地

①选择无污染和生态条件良好的地域建立生产基地。生产基地应远离工矿区和公路、铁路干线,避开工业和城市污染的影响。

②产地空气环境质量、农田灌溉水质质量以及土壤环境质量均应符合 NY/T 391—2000 标准要求。

③土壤肥力应达到 NY/T 391—2000 规定的二级以上标准。

(2)选择品种　应选用抗寒、抗病、生长势旺、不易抽薹或抽薹晚的优良实心品种，如天津黄苗芹菜、玻璃脆芹菜、津南实芹、意大利西芹、美国西芹等。

种子质量要求：品种纯度≥95%、品种净度≥94%、种子发芽率≥75%、种子含水量≤9%。

(3)栽培季节与茬口　芹菜播种期不严格，只要能避过先期抽薹，并将生长盛期安排在冷凉季节就能获得丰产优质。江南从2月下旬至10月上旬均可播种，周年供应；北方采用保护地与露地多茬口配合，亦能周年供应(表46)。

表46　北方芹菜主要栽培季节

栽培方式	播期(月/旬)	定植期(月/旬)	收获期(月/旬)
露地春茬(温室育苗)	1/中至2/上	3/下至4/上	5/下至6/上
露地秋茬(露地育苗)	6/上中	8/上至8/中	10/中至11/上
塑料大棚秋茬(露地育苗)	6/下至7/上	9/上	11/中至春节
料大棚春茬(温室育苗)	12/上	2/中	4/下至5/中
日光温室冬春茬(露地育苗)	7/中至8/上	9/中至10/上	翌年1至3月

本规程主要介绍露地芹菜生产技术。

(4)育苗

①育苗期确定　露地春芹菜一般利用温室或大棚在1月下旬至3月初播种育苗，秋芹菜一般在6月上中旬采用露地搭遮阴棚育苗。

②苗床制作　苗床宜做成1.0～1.5米宽的平畦，要求土壤细碎平整，施入充分腐熟的有机肥，按10米^{2}苗床施有机肥50千克，硫酸铵0.5千克，过磷酸钙2.5千克，将土与肥混合均匀，耙平后压实，灌足底水，待水分下渗后即可播种。

③种子处理　播种前需进行浸种催芽，将种子放入20～25℃清水中浸泡10小时，然后搓洗2～3次，捞出用湿布包好，放在15～22℃下催芽，每天用清水冲洗1次，经过7～10天，有70%种子发芽就可播种。

④播种　苗床可条播也可撒播，播前先浇足底水，水渗下后播种，播种后覆盖细土0.3～0.5厘米，然后盖薄膜或碎草保湿，出苗后及时揭去。

⑤苗床管理　播种后出苗前要保持苗床湿润，当幼芽顶土时，轻浇一次水，齐苗后每隔2～3天浇一小水，小苗1～2叶时撒一次细土，有遮阴物的逐渐上卷，锻炼小苗。幼苗2～3叶时间苗，苗距2厘米见方，然后浇一水。3～4叶时可结合浇水施一次尿素作提苗肥。苗期要及时除草，当幼苗4～5叶，苗高12～15厘米时即可定植。

(4)定植　芹菜应实行2～3年的轮作倒茬，定植前应先整平畦面，施足底肥，一般每667米^{2}施腐熟优质农家肥4 000～5 000千克，氮磷钾复合肥20～25千克。然后深翻、耙平畦面，做成宽1.2～1.5米，长15～20米的平畦。

定植前2～3天苗床浇水以利起苗，挖苗时尽可能不伤幼苗的叶和根，并带些土，要随起苗，随定植。

定植宜在下午3:00～4:00时或阴天时进行，采用开沟移栽法。本芹的定植株行距为12厘米×15厘米，每穴2株(每株要间隔一定距离)；西芹的定植行距为20～25厘米，株距可针对单株重的不同要求，在13～20厘米范围内确定，单株栽植。栽苗的深度以埋住短缩茎，露出菜心为宜。

(5)田间管理

①中耕除草　芹菜生育期长，前期生长缓慢，很易滋生杂草，

所以必须及时中耕除草，中耕不宜太深，一般中耕2～3次，结合中耕可向根部培土，以利植株正常生长，植株封行后可随时拔出大草不再中耕。

②肥水管理　在管理上应充分供应水肥，一般追肥2～3次。第一次在蹲苗结束后，每667米^{2}冲施腐熟的人粪尿1 000千克，以后每隔15天冲施尿素5千克，收获前30天停止追肥。浇水的原则一般掌握3～4天1次，后期5～6天1次，收获前5～7天停止浇水。

芹菜需水量多，每次追肥后都要灌水，保持土壤湿润。特别在心叶开始伸出时，必须大量灌水，才能提高产量和品质，收获前5～7天停止浇水。

③除蘖及软化　西芹有些品种常发生较多的侧芽(分蘖苗)，消耗大量营养，影响植株生长和降低品质，应及时摘除侧芽。如果软化栽培，还要采取遮光措施，如培土支凉棚或用报纸包扎植株。

(6)主要病虫害防治

①防治原则

第一，坚持“提前预防，综合防治”的植保方针，以农业防治、生物防治、物理防治为主，化学防治为辅的无害化防治原则。

第二，农药的选择和使用应符合NY/T 393的要求。

②主要病害防治

A. 叶斑病：培育无病壮苗，适时追肥，提高植株抗病能力，合理灌溉，开好排水沟系，降低田间湿度和地下水位，切忌大水漫灌；收获后及时清洁田园，清除病残体，带出田外销毁，并深翻土壤，加速病残体的腐烂分解；在发病初期选用75%百菌清可湿性粉剂600倍液，或50%多菌灵可湿性粉剂800倍液喷雾1次，最后一次喷药时间距离采收期不少于7天。

B. 斑枯病：用无病种子或种子消毒；清除田间病残体；摘除病叶、脚叶，减少田间菌源，雨后及时排出田间积水；适当密植，及时间苗；芹菜苗高2～3厘米时喷药保护，可选用波尔多液（1∶5∶200），或65%代森锌可湿性粉剂500倍液，或75%百菌清500～800倍液等喷雾1次，最后一次喷药时间距离采收期不少于7天。

③主要虫害防治：芹菜害虫主要有蚜虫、美洲斑潜蝇等，可参考其他蔬菜进行防治。

(7)采收

①绿色食品芹菜质量标准　芹菜感官质量标准见表47。

表47　绿色食品芹菜感官质量要求

品质	规格	限度
1. 同一品种或相似品种，成熟适度，色泽正，新鲜、果面清洁 2. 无腐烂、畸形、异味、冷害、冻害、病虫害及机械伤	同规格的样品其整齐应≥90%	每批样品中不符合品质要求的样品按质量计，总不合格率不应超过5%

注：腐烂、异味和病虫害为主要缺陷。

芹菜营养指标应符合表48的要求。

表48　绿色食品芹菜营养指标

项目	结球甘蓝
维生素C(毫克/100克)	≥30

注：本标准中的指标仅作参考，不作为判定依据。

芹菜卫生指标应符合表49的要求。

表 49 绿色食品芹菜卫生指标

序 号	项目	指标(毫克/千克)
1	砷(以 As 计)	≤0.2
2	汞(以 Hg 计)	≤0.01
3	铅(以 Pb 计)	≤0.1
4	镉(以 Cd 计)	≤0.05
5	氟(以 F 计)	≤0.5
6	乙酰甲胺磷(acephate)	≤0.02
7	乐果(dimethoate)	≤1
8	毒死蜱(chlorpyrifos)	≤0.05
9	敌敌畏(dichlorvos)	≤0.1
10	氯氰菊酯(cypermethrin)	≤0.2
11	溴氰菊酯(deltamethrin)	≤0.1
12	氰戊菊酯(fenvalerate)	≤0.02
13	百菌清(chlorothalonil)	≤1
14	多菌灵(carbendazim)	≤0.1
15	亚硝酸盐(以 $NaNO_2$ 计)	≤2

注:其他农药参照《农药管理条例》和有关农药残留限量标准。

②采收 芹菜采收期一般根据品种的生育期长短和气候条件而定。早春栽培的芹菜收获期一般在 5 月份左右,秋芹菜收获期在冬至到小雪。

在正常气候允许情况下,芹菜达到各品种的高度、单株重指标的 90%以上,叶柄数量达到本品种指标,外部叶柄叶片不变黄,叶柄脆、生食有清爽味甜、纤维少时为适宜收获期。

芹菜采收时可连根拔起,也可擗收叶柄。擗收时注意防止伤害植株,一般可擗 3～4 次,每次间隔 30 天左右,一次擗收 2～3 个大叶。

芹菜拔收时及时抖去根部泥土,去掉外部少量老黄叶,捆扎出售;擗收的根据叶柄的长度分级绑成小把出售。

③包装　用于产品包装的容器如塑料箱、纸箱等应按产品的大小规格设计,同一规格应大小一致,整洁、干燥、牢固、透气、无污染、无异味,内壁无尖突物,无虫蛀、腐烂、霉变等,纸箱无受潮、离层现象。包装应符合 NY/T 658 的要求。

按产品的品种、规格分别包装,同一件包装内的产品应摆放整齐紧密。

每批产品所用的包装、单位质量应一致。

包装上应明确标明绿色食品标志。

每一包装上应标明产品名称、产品的标准编号、商标、生产单位(或企业)名称、详细地址、产地、规格、净含量和包装日期等,标志上的字迹应清晰、完整、准确。

④运输　运输前应进行预冷。运输过程中注意防冻、防雨淋、防晒、通风散热。

⑤贮存　临时贮存应在阴凉、通风、清洁、卫生的条件下,防日晒、雨淋、冻害及有毒有害物质的污染。堆码整齐,防止挤压等损伤。

长期贮存可将芹菜放在恒温库或地窖中进行,贮存适宜温度 −2～3℃。适宜湿度为 90％～95％。

库内堆码应保证气流均匀流通。

六、绿色食品营销

96. 我国绿色蔬菜的营销现状怎样?

发展绿色食品是从保护、改善生态环境入手,以开发无污染食品为突破口,对其产前环节的环境监测和原料检测、产中环节具体生产、加工操作规程的落实以及产后环节的产品质量、包装、运输、储存、销售等全程进行控制,以确保绿色食品的整体产品质量,从而将保护环境与发展经济、增进人们的健康紧密结合起来。我国绿色食品经过十几年的发展,创立的"以技术标准为基础、质量认证为形式、商标管理为手段"的发展模式,在推动我国农产品质量安全认证、发展安全优质品牌农产品中起到了十分重要的示范带动作用。

十多年来,绿色食品事业遵循保护生态环境、促进农业可持续发展,保障食品安全、增进消费者健康的宗旨和理念,按照产品无污染、安全、优质、营养的特定品质要求,实施"从土地到餐桌"全程质量控制的技术制度,坚持走"质量认证与商标管理相结合"、"政府推动与市场拉动相结合"的发展道路,保持了快速、健康的发展,打造出一个在国内外具有较高知名度和影响力的精品品牌,取得了显著的经济、生态和社会效益,

我国绿色食品经过近几年的发展,虽然取得了可喜的成绩,但仍然存在着一些问题,制约着我国绿色食品产业的发展,主要表现在以下几个方面。

第一，绿色消费观念淡薄。虽然近几年绿色食品发展较快，但由于我国长期以来对农产品和加工食品的要求一直是数量和基本营养，国家的宏观政策和消费者的注意力对食品安全性的关注不是很显著；再加上对绿色食品的申报宣传等工作主要是一些企业个体的行为，缺乏对绿色食品整体品牌的塑造，尚未形成能够凝聚消费者注意力的“品牌”、“名牌”。消费者对绿色食品基础知识的认知程度不高，甚至存在有误区，例如许多消费者只知道绿色食品价格高、污染小，而对其倡导的无污染、安全、健康的绿色消费理念尚未形成。对绿色食品的经济价值、社会价值、生态价值缺乏进一步了解，甚至以为纯天然的或野生的食品就是绿色食品；同时由于收入水平和消费习惯的制约，使得绿色食品缺少吸引力和购买力，目前我国绿色食品的消费群体主要局限于城市和经济发达的地区。

第二，品牌意识淡漠。我国绿色蔬菜多采用无品牌营销，多数产品不经过加工或只经过简单加工就直接上市，消费者在雷同的商品面前根本无从选择。

第三，价格策略不符合市场需求。我国绿色蔬菜的目标市场大概包括三个：国外及周边地区的出口市场、国内高消费阶层的有限市场和国内普通市民的广大市场。区别不同的目标市场应分别采用高价位的撇脂策略和低价位的渗透策略，同时辅之以心理定价策略和比较定价等策略。但我们看到的是绿色蔬菜出口市场恶性竞争，价格一跌再跌；而国内由于生产分散、没有规模效应难以降低成本而将普通消费者拒之门外。

第四，渠道策略松散，销售波动大。我国的中间商多是中小商业企业，如外贸公司、超市和个体商贩。中间商凭借销售优势，收购价格往往随行就市、采用现货交易，成为最大的利润获得者。结果受绿色蔬菜产品生产周期的限制，缺货时，有价无市，而下个周期供货充足时，又有市无价，形成销售的周期性波动，影响消费群的稳定。这种沟通的失误，造成营销中间环节增多，渠道不畅。

第五，促销策略缺乏，发展后劲不足。我国绿色蔬菜产业的促销几乎是空白，每天充斥于人们眼前、耳边的广告、商品展示，人员推销中很难见到绿色蔬菜的名字，结果是“养在深闺无人知”。

97. 加强我国绿色蔬菜营销的主要措施有哪些？

概括起来，促进我国绿色蔬菜营销的主要有以下措施。

(1)在蔬菜种植上坚持绿色环保型、科技型，努力提高绿色蔬菜的产量和质量，扩大品种。

(2)要大力推广先进的蔬菜种植技术，如无土栽培、集约化栽培、反季栽培以及喷灌、滴灌节水技术等，提高蔬菜种植的科技含量。

(3)积极发展蔬菜净菜加工、冷冻保鲜，创造高附加值。原始的蔬菜初级产品是不适应现代大市场要求的，绿色蔬菜要提高竞争力，实现高效益，关键就在这里。

(4)积极实施品牌开发战略，实行商标和包装绿色化。强化蔬菜产品的品牌观念，运用各种手段树立品牌，而且要突出绿色环保。在商标设计时，品牌命名、商标设计要突显出绿色标志，注重激发消费者对绿色环保的联想，使其对产品产生信赖和向往，树立起绿色蔬菜的良好信誉和形象。例如，在冬瓜、南瓜、西葫芦等瓜形蔬菜上把商标图案刻在幼果上，或用纸塑贴皮，形成天然图案，或者贴可食商标、生物商标。在包装上要重视包装及其残留物对环境的影响，使用可生物分降解、可再循环利用的包装材料，使之无污染。

(5)实施绿色价格。根据成本定价理论,绿色蔬菜的价格必然要高于普通蔬菜。绿色蔬菜价格只有高于普通蔬菜,才能增强其市场竞争力,获得良好的经济效益和社会效益。当然,根据成本控制理论,绿色蔬菜也应该在消费者可接受的价格水平范围内,控制好成本,以千方百计地降低成本来追求更大的利润,并将成本降低带来的利益适度让渡给消费者以获取其更多的支持。

(6)扩宽绿色蔬菜营销渠道。绿色蔬菜要及时与市场接轨,减少不必要的聚散,以保证生鲜产品的质量和卫生,减少浪费及对环境的污染破坏。蔬菜的流通渠道要尽量集中统一,减少中间环节,及时有效沟通产销,而且要有利于环境保护。首先,采用先进的物流技术,如冷链储运以保质保鲜。其次,构建发达的营销中介力量,及时有效组织产销。传统的蔬菜流通三级市场(产地批发市场、销地批发市场和农贸市场)是不尽符合绿色营销功能要求和环保要求的。可以仿照发达国家建立专业营销协会,使产销高度组织化。另外,应该充分利用网络在营销渠道上的特殊优势,例如现在有的地方开发的农业信息网、蔬菜网就发挥了良好的作用。营销渠道的网络化、信息化是时代潮流。再次,加快推动农贸市场超市化,使生鲜超市承担更多的渠道任务。生鲜超市较之传统农贸市场,在集中统一蔬菜流通渠道,组织产销,促进蔬菜产业化,以及在环境保护方面都具有明显的优势。

(7)加强绿色促销。采用各种促销手段,一方面宣传绿色蔬菜的无污染、无公害、健康营养,使之深入人心;另一方面对公众进行节约资源、保护环境的绿色教育,使人们树立主动关心爱护环境的意识,消费者也会因此主动接受绿色蔬菜。这样,有利于实现商家利益、消费者利益和环境利益、社会利益的统一,这正是绿色营销的宗旨。

98. 适合我国绿色蔬菜产业营销模式主要有哪些?

模式一:大而全的龙头企业横向一体化营销

该模式由公司提供种苗、技术等服务并按合同保护价收购产品,农户则按合同生产。整个营销过程中,从生产、加工、运输、销售、服务各个环节都表现出企业主体的特点,责、权,利清晰,系统的运营协调能力强。如我国成功的农业产业化的温氏模式、河南龙云集团就属此类。

但是这种模式要求龙头企业拥有较大资金、技术、销售渠道实力,目前许多地区盲目效仿,用贷款资金等催生的企业甚至在一夜之间消失,仅仅成为政府政绩的昙花一现。只有通过政府扶持或现代资本运营的长期培育,这种蔬菜产业的"航空母舰"才能正常出航。因而,短期内只在我国局部地区具可操作性。

模式二:小而专的配套企业纵向一体化营销

该模式通过菜农的专业化和标准化生产,由独立加工企业加工,再交给专业运输单位向流通大户或批发零售单位送货,最后到达消费者手中。其缺点是每一个生产环节由独立的企业或个人经营,手续繁杂,流通环节多、流通速度慢和利润分享者多。但是这种模式下每一个生产环节的企业相对资金压力小,资源配置较优。由于各个生产环节的独立企业不是依据市场需求确定规模,某个相对稀缺环节的企业规模就成为纵向一体化营销规模效益的"瓶颈",在我国突出表现在流通渠道发展滞后和加工企业技术单一方面。

参 考 文 献

1. 黄广学. 绿色蔬菜标准化生产. 北京:中国农业大学出版社,2010.

2. 农业部. 绿色食品 豆类等 24 项绿色食品标准,2012.

3. 农业部. 现行有效使用绿色食品标准目录,2013.

4. 葛晓光. 绿色蔬菜生产. 北京:中国农业出版社,1997.

5. 董红霞. 段贵平. 绿色蔬菜生产技术. 北京:中国农业大学出版社,2010.

6. 谢晓悦. 绿色蔬菜生产与营销. 北京:中国社会出版社,2005.

7. 戴强. 蔬菜市场营销一本通. 郑州:中原农民出版社,2010.

8. 韩世栋. 出口蔬菜生产与营销. 北京:中国农业出版社,2010.